上海市工程建设规范

建设场地污染土与地下水土工处置技术标准

Technical specification for geotechnical disposal of contaminated soil and groundwater in construction site

DG/TJ 08－2295－2019

J 14695－2019

主编单位：上海勘察设计研究院（集团）有限公司
上海市环境科学研究院
上海长凯岩土工程有限公司

批准部门：上海市住房和城乡建设管理委员会

施行日期：2019 年 10 月 1 日

同济大学出版社

2019 上海

图书在版编目(CIP)数据

建设场地污染土与地下水土工处置技术标准/上海勘察设计研究院(集团)有限公司,上海市环境科学研究院,上海长凯岩土工程有限公司主编.--上海:同济大学出版社,2019.9

ISBN 978-7-5608-8715-9

Ⅰ.①建… Ⅱ.①上… ②上… ③上… Ⅲ.①建筑工程－场地－污染土壤－修复－技术标准－上海②建筑工程－场地－地下水污染－污染防治－技术标准－上海 Ⅳ.①X53-65②X523-65

中国版本图书馆 CIP 数据核字(2019)第 174126 号

建设场地污染土与地下水土工处置技术标准
上海勘察设计研究院(集团)有限公司
上海市环境科学研究院　　　　　　　主编
上海长凯岩土工程有限公司
策划编辑　　张平官
责任编辑　　朱　勇
责任校对　　徐春莲
封面设计　　陈益平
出版发行　　同济大学出版社　　www.tongjipress.com.cn
　　　　　　(地址:上海市四平路1239号　邮编:200092　电话:021－65985622)
经　　销　　全国各地新华书店
印　　刷　　浦江求真印务有限公司
开　　本　　889mm×1194mm　1/32
印　　张　　5.125
字　　数　　138000
版　　次　　2019 年 9 月第 1 版　　2019 年 9 月第 1 次印刷
书　　号　　ISBN 978-7-5608-8715-9
定　　价　　45.00 元

上海市住房和城乡建设管理委员会文件

沪建标定〔2019〕278 号

上海市住房和城乡建设管理委员会
关于批准《建设场地污染土与地下水土工
处置技术标准》为上海市工程建设规范的通知

各有关单位：

由上海勘察设计研究院(集团)有限公司、上海市环境科学研究院和上海长凯岩土工程有限公司主编的《建设场地污染土与地下水土工处置技术标准》，经我委审核，现批准为上海市工程建设规范，统一编号为 DG/TJ 08－2295－2019，自 2019 年 10 月 1 日起实施。

本规范由上海市住房和城乡建设管理委员会负责管理，上海勘察设计研究院(集团)有限公司负责解释。

特此通知。

上海市住房和城乡建设管理委员会
二〇一九年五月八日

前　言

　　本标准是根据上海市住房和城乡建设管理委员会《关于印发〈2016 年上海市工程建设规范编制计划〉的通知》（沪建管〔2015〕871 号）要求，由上海勘察设计研究院（集团）有限公司、上海市环境科学研究院和上海长凯岩土工程有限公司会同上海市环境监测中心、上海格林曼环境技术有限公司、上海环境卫生工程设计院有限公司、上海市政工程设计研究总院（集团）有限公司、华东师范大学等单位共同编制完成。

　　标准编制组经广泛调查研究，认真总结实践经验并积极运用科研成果，在广泛征求意见的基础上，编制了本标准。本标准填补了上海市污染土与地下水土工处置领域技术标准的空白，对规范污染土与地下水治理修复工作，保障生态环境和建设工程安全，具有重要意义。

　　本标准共分 12 章，主要内容包括：总则；术语；基本规定；勘察要点；挖除法；搅拌法；多相抽提法；地下水抽提法；注入法；隔离法；安全防护；效果检验。

　　请各单位及相关人员在标准执行过程中，结合工程实践，认真总结经验，将意见或建议反馈至上海勘察设计研究院（集团）有限公司（地址：上海市水丰路 38 号；邮编：200093；E-mail：sgidi@sgidi.com），或上海市建筑建材业市场管理总站（地址：上海市小木桥路 683 号；邮编：200032；E-mail：bzglk@zjw.gov.cn），以供本标准今后修订时参考。

　　主 编 单 位：上海勘察设计研究院（集团）有限公司
　　　　　　　　　上海市环境科学研究院
　　　　　　　　　上海长凯岩土工程有限公司

参 编 单 位：上海市环境监测中心
　　　　　　上海格林曼环境技术有限公司
　　　　　　上海环境卫生工程设计院有限公司
　　　　　　上海市政工程设计研究总院(集团)有限公司
　　　　　　华东师范大学
主 要 起 草 人：顾国荣　许丽萍　黄沈发　李 韬　孙 莉
　　　　　　杨 洁　张 峰　陈 晖　夏 群　汤 琳
　　　　　　郭星宇　王 蓉　郭 琳　沈 超　李 梅
　　　　　　王克文　徐启新　金宗川　谭学军　诸 毅
　　　　　　朱 煜　宋立杰　沈婷婷
主 要 审 查 人：袁雅康　李耀良　林匡飞　周念清　曹心德
　　　　　　杨 凯　何品晶

上海市建筑建材业市场管理总站

2019 年 3 月

目　次

1　总　　则 ……………………………………………… 1

2　术　　语 ……………………………………………… 2

3　基本规定 ……………………………………………… 4

4　勘察要点 ……………………………………………… 7

　4.1　一般规定 ………………………………………… 7

　4.2　勘察工作量布置 ………………………………… 7

　4.3　现场测试与室内试验 …………………………… 9

　4.4　分析与评价 ……………………………………… 9

　4.5　成果报告 ………………………………………… 10

5　挖除法 ………………………………………………… 12

　5.1　一般规定 ………………………………………… 12

　5.2　支　　护 ………………………………………… 12

　5.3　开　　挖 ………………………………………… 15

　5.4　回　　填 ………………………………………… 16

　5.5　监　　测 ………………………………………… 17

6　搅拌法 ………………………………………………… 19

　6.1　一般规定 ………………………………………… 19

　6.2　设　　计 ………………………………………… 19

　6.3　施　　工 ………………………………………… 21

　6.4　监　　测 ………………………………………… 23

7　多相抽提法 …………………………………………… 24

　7.1　一般规定 ………………………………………… 24

　7.2　设　　计 ………………………………………… 24

　7.3　施工与运行 ……………………………………… 26

　7.4　监　测 ……………………………………… 28

8　地下水抽提法 ……………………………………… 29

　8.1　一般规定 ……………………………………… 29

　8.2　设　计 ……………………………………… 29

　8.3　施工与运行 …………………………………… 32

　8.4　监　测 ……………………………………… 33

9　注入法 ……………………………………………… 35

　9.1　一般规定 ……………………………………… 35

　9.2　设　计 ……………………………………… 35

　9.3　施工与运行 …………………………………… 37

　9.4　监　测 ……………………………………… 39

10　隔离法 …………………………………………… 41

　10.1　一般规定 ……………………………………… 41

　10.2　设　计 ……………………………………… 41

　10.3　施　工 ……………………………………… 44

　10.4　监　测 ……………………………………… 47

11　安全防护 ………………………………………… 48

12　效果检验 ………………………………………… 52

　12.1　一般规定 ……………………………………… 52

　12.2　施工质量检测 ………………………………… 52

　12.3　修复效果检验 ………………………………… 54

本标准用词说明 ……………………………………… 58

引用标准名录 ………………………………………… 59

条文说明 ……………………………………………… 61

Contents

1 General provisions ·· 1

2 Terms ·· 2

3 Basic requirements ·· 4

4 Key points of investigation ······························ 7

    4. 1 General ·· 7

    4. 2 Investigation workload arrangement ················ 7

    4. 3 Field and laboratory test ·························· 9

    4. 4 Analysis and evaluation ··························· 9

    4. 5 Report ·· 10

5 Excavation and removal method ························· 12

    5. 1 General ··· 12

    5. 2 Retaining ··· 12

    5. 3 Excavation ·· 15

    5. 4 Backfilling ·· 16

    5. 5 Monitoring ·· 17

6 Mixing method ·· 19

    6. 1 General ··· 19

    6. 2 Design ·· 19

    6. 3 Construction ······································ 21

    6. 4 Monitoring ·· 23

7 Multi-phase extraction method ························· 24

    7. 1 General ··· 24

    7. 2 Design ·· 24

    7. 3 Construction and operation ······················· 26

7. 4　Monitoring ·· 28

8　Groundwater pumping method ····················· 29

　8. 1　General ··· 29

　8. 2　Design ··· 29

　8. 3　Construction and operation ····················· 32

　8. 4　Monitoring ·· 33

9　Injection method ·· 35

　9. 1　General ··· 35

　9. 2　Design ··· 35

　9. 3　Construction and operation ····················· 37

　9. 4　Monitoring ·· 39

10　Barrier controlling method ··························· 41

　10. 1　General ·· 41

　10. 2　Design ··· 41

　10. 3　Construction ··· 44

　10. 4　Monitoring ·· 47

11　Safety protection ·· 48

12　Quality and effectiveness inspecting ············· 52

　12. 1　General ·· 52

　12. 2　Construction quality inspecting ··············· 52

　12. 3　Remediation effectiveness inspecting ········· 54

Words explanation of this code ·························· 58

List of referred standards ································· 59

Explanation of the provisions ···························· 61

1 总　则

1.0.1　为了在污染土与地下水的修复治理中贯彻执行国家和上海市有关法律法规,实现生态环保的目标,做到技术先进、因地制宜、经济合理,根据上海地区地质与水文地质条件、场地污染特征和修复治理的技术水平,制定本标准。

1.0.2　本标准适用于本市建设场地污染土与地下水修复治理工程的设计、施工、过程监测与效果检验,不适用于放射性污染和致病性生物污染土与地下水修复治理工程。

1.0.3　污染土与地下水的修复治理应根据场地的勘察、环境调查、基于人体健康的风险评估成果及修复目标,结合环境保护要求和相关工程经验,科学合理编制设计方案,精心施工,严格监测和检验。

1.0.4　污染土与地下水的修复治理,除符合本标准外,尚应符合国家、行业和本市现行有关标准的要求。

2 术 语

2.0.1 污染场地 contaminated site

对潜在污染场地进行调查和风险评估后,确认污染危害超过人体健康或生态环境可接受风险水平的场地,又称污染地块。

2.0.2 污染场地修复治理 contaminated site remediation and cleanup

采用工程技术手段,将污染场地的土与地下水中污染物移除、削减、固定或将风险控制在可接受水平的活动。

2.0.3 修复目标 site remediation target

由场地环境调查和风险评估确定的目标污染物对人体健康和生态受体不产生直接或潜在危害,或不具有环境风险的污染修复最终目标。

2.0.4 挖除法 excavation and removal method

将场地内污染土挖除,并根据工程需要回填外来清洁土或经污染修复达标土的施工方法。

2.0.5 搅拌法 mixing method

在污染场地内原位或将污染土挖除至异位,通过添加药剂、辅助材料并借助机械外力将其充分混合,使药剂与污染物质发生物理、化学或生物作用,将污染物转化成化学性质不活泼或无毒的物质,或将污染土固封为低渗透性的固化土,降低污染物在土、水环境中迁移和扩散的施工方法。

2.0.6 多相抽提法 multi-phase extraction method

利用抽提井同时将场地内的水溶态、气态或非水溶性液态污染物从地下抽吸到地面上的处理系统中,从而实现污染场地治理修复的原位修复施工方法。

2.0.7 地下水抽提法 groundwater pumping method

通过在场地地下水污染范围内建设抽提井,利用抽提井将受污染地下水抽出的施工方法。

2.0.8 注入法 injection method

将配置成液态或浆态的药剂注入地下,通过药剂与地下污染物间发生物理、化学或者生物的作用,固定、转移、吸收、降解或转化场地中的污染物,使其含量降低或者将有毒有害的污染物转化为无害物质的原位修复施工方法。

2.0.9 隔离法 barrier controlling method

采用阻隔措施控制污染物迁移或阻断污染物暴露途径,使受污染的土和地下水与周围环境隔离的施工方法。

2.0.10 修复效果检验 site remediation effectiveness inspecting

污染场地修复治理工程完成后,对场地内的土和地下水进行环境指标监测,以确定修复治理是否达到修复目标和设计要求的过程。

3 基本规定

3.0.1 污染土与地下水的修复治理可采用挖除法、搅拌法、多相抽提法、地下水抽提法、注入法和隔离法等。工程需要时，可根据实际情况选择两种及以上的方法联合使用。

3.0.2 进行污染土与地下水的修复治理设计前，应收集下列资料：

    1 场地环境调查与风险评估报告及修复治理目标要求。

    2 场地地形图、地质与水文地质资料。

    3 场地与周边建（构）筑物、地下管线等设施资料及保护要求。

    4 场地与周边环境质量信息、敏感目标分布及环境保护要求。

    5 类似污染场地的修复治理经验。

    6 后续用于建设项目的场地，尚宜包括项目规划设计信息。

3.0.3 污染土与地下水的修复治理设计方案应根据场地地质与水文地质条件、污染特征、污染范围、污染程度、修复目标和环境保护要求等综合确定，并应符合下列要求：

    1 明确目标污染物修复治理的要求和范围。

    2 经技术经济比选，确定适用的修复治理方法。

    3 明确修复治理方法所涉及的各项技术参数。

    4 评估工程实施对环境的影响，提出二次污染防控和安全防护要求。

    5 提出过程监测、施工质量检测与修复效果检验的技术要求。

3.0.4 修复用的药剂宜选用无毒无害或低毒低害、安全可靠，方便采购、运输、储存和使用的试剂,制定修复治理设计方案前应进行实验室小试。

3.0.5 污染土与地下水修复治理工程施工前,应进行现场中试试验,检验并优化设计与施工参数。

3.0.6 污染土与地下水修复治理施工前,应具备以下条件:

1 结合项目的需求和特点,制定针对性的施工组织设计,内容包括现场布置、施工技术方案、人员、材料和设备配置、施工保障措施及应急预案。

2 平整场地,清除施工范围内的障碍物,落实给水、排水、供电和临建等施工配套条件。

3 进场材料及设备应满足设计和使用功能要求,并经验收合格。

4 应对现场施工人员进行技术、安全交底。

3.0.7 污染土与地下水的修复治理应严格按设计方案和施工组织设计进行施工,并符合下列要求:

1 现场应安排专人负责质量安全控制,并做好施工记录。

2 当施工现场使用药剂时,应对药剂的存放、使用等采取严格的安全防护措施。

3 遇异常情况时,应及时分析原因并根据需要及时调整技术方案和施工工艺。

4 对修复后的土应根据需要采用资源化利用、回填或异地填埋等方式处置。

5 当场地后续开发利用方案明确时,宜结合后续开发建设的设计要求进行施工。

6 施工完成后,应对支护结构、临时隔离、井管等遗留物进行清理或无害化处理,并对场地内遗留的坑或孔等采用无毒无害的土工材料进行填埋。

3.0.8 污染土与地下水修复治理工程应按设计要求进行施工质量检测,并应进行修复效果检验。

3.0.9 进行污染土与地下水修复治理时,应对周边敏感目标或保护对象实施监测,监测内容宜包括大气、噪声、土或地下水等要素的环境质量,周边建(构)筑物和地下设施的变形等;当修复治理区域临近有地表水体时,尚应对地表水进行环境质量监测。监测数据应及时记录并反馈。

3.0.10 工程施工过程中应采取安全防护措施,确保工程安全、人体安全和环境安全,并应符合下列要求:

　　1 优先选用本质安全型的修复设备与材料。

　　2 现场人员应根据污染情况配备相应的个体防护装备,进入现场前应对个体防护装备的安全可靠性及配戴情况进行检查。

　　3 采取二次污染防控措施,防止污染扩散。

　　4 施工过程中,应采取噪声防控措施。

4 勘察要点

4.1 一般规定

4.1.1 当前期的环境调查或勘察资料不能满足污染场地修复治理设计与施工的要求时,应进行专项污染场地勘察。

4.1.2 污染场地勘察应查明污染物种类与浓度、污染土与地下水的空间分布范围、地下水类型与补径排条件、土层物理力学性质,评价土与地下水的污染程度,为修复治理设计提供依据。

4.1.3 勘察方案应根据场地的污染特征、修复治理目标、地质与水文地质条件等因素制定。当修复治理后场地再开发建设的工程性质明确时,勘察方案尚宜考虑拟建工程特性。

4.2 勘察工作量布置

4.2.1 勘探采样点和地下水监测井的平面布置应符合下列要求:

1 当污染物分布较均匀时,勘探采样点可采用网格法布置,采样点的间距可根据工程需要确定。

2 当污染物分布存在显著差异或遇暗浜、厚层填土或浅部土层性质变化较大时,勘探采样点间距宜适当加密,控制污染土边界的勘探点间距不宜大于 10m。

3 当场地面积较小时,勘探采样点数量可适当减少,但不应少于 5 个。

4 地下水监测井数量应满足查明场地地下水污染分布范围的需要,且应不少于 3 个。

5 当地下水具有明显流向时,应在场地污染区地下水流向上游、两侧至少各布置 1 个地下水监测井;地下水可能污染较严重区域和地下水流向下游,应分别至少布设 2 个地下水监测井。

6 当地下水流向不明显时,监测井宜根据污染源形态特征布设,污染源附近可适当加密。

4.2.2 勘探采样点和地下水监测井的深度应符合下列要求:

1 勘探采样点应穿透浅部渗透性较大的填土、粉性土及砂土,进入低渗透性的黏性土层,最大深度应穿过污染土分布深度,且进入稳定分布的黏性土层不宜小于 2m。

2 地下水监测井的深度,宜根据地层结构、含水层分布特征确定,监测井应进入监测目标含水层不少于 2m,且最大深度应大于污染深度。

3 地下水采样点的最大深度应大于污染深度,当场地内浅层地下水污染,且浅层地下水与深层地下水有水力联系时,应采集深层地下水样,并采取严格的隔离措施。

4.2.3 土样与地下水样品的采集应符合下列要求:

1 宜根据需要采集土样,表层 0~0.2m 应采集土样,深度 0.2m~3m 的采样间隔宜为 0.5m,深度 3m~6m 采样间隔宜为 1m,深度 6m 以下的采样间隔宜为 2m;判定污染土与非污染土深度界线时,取样间距不宜大于 1m。

2 地下水采样深度宜在水面 0.5m 以下,采集不同深度的地下水样应采取分段隔离措施。

3 对可能存在轻质非水溶性有机物(LNAPL)污染的场地,应在含水层顶部增加采样点;对可能存在重质非水溶性有机物(DNAPL)污染的场地,应在含水层底部和不透水层顶部增加采样点。

4.3 现场测试与室内试验

4.3.1 污染场地勘察应按照现行上海市工程建设规范《建设场地污染土勘察规范》DG/TJ 08－2233 相关要求进行钻探、现场测试和室内试验;当条件具备时,可采用工程物探、多功能静力触探等测试方法探查污染土与地下水的分布。

4.3.2 工程物探方法应根据不同的污染物类型选择使用,并宜符合下列要求:

1 电阻率法可适用于受重金属污染、石油烃类污染和有机物污染的场地。

2 探地雷达法可适用于石油烃类污染、垃圾填埋场渗滤液污染等介电常数或电磁波衰减特征产生变化的场地。

3 激发极化法可适用于重金属污染、有机物污染等导致场地极化效应产生变化的场地。

4.3.3 应测量地下水水位,并宜根据需要进行水文地质试验测定地下水流向,获取渗透系数、给水度、贮水系数、弥散系数等水文地质参数。

4.3.4 污染土和地下水的室内试验应满足现行上海市工程建设规范《建设场地污染土勘察规范》DG/TJ 08－2233 的要求。

4.4 分析与评价

4.4.1 勘察报告的分析与评价应包含以下内容:

1 分析土和地下水中主要污染物的超标情况,评价土和地下水受污染程度。

2 当服务于后续工程建设时,还应评价污染对土层强度与变形指标的影响以及污染土和地下水对建筑材料的腐蚀性。

3 工程需要时,根据污染场地的环境水文地质概念模型预测污染迁移趋势。

4 针对污染土与地下水修复治理目标,提出修复治理建议,并分析不良地质条件对污染物的迁移及对修复治理的影响。

4.4.2 应根据拟采用的修复治理方法进行分析评价,并符合下列要求:

1 采用挖除法进行异位修复治理的工程,应根据污染土与地下水分布特征建议合理的开挖范围与深度、支护和降水措施,提供相关土层的强度与渗透系数,并根据周边环境条件提出进行相关监测的建议。

2 采用原位搅拌法修复的工程,应根据场地内的地下障碍物、厚层杂填土等不良地质条件提出清障、分选等预处置建议,并根据污染物的特征提出环境保护要求及控制措施的建议。

3 采用多相抽提法、地下水抽提法或注入法等进行修复治理时,应阐明土层的渗透性、处理范围内填土、砂土或粉性土的分布,分析污染物的迁移特征,建议采取必要的隔离措施等。

4 采用隔离法进行污染阻隔时,应提供相关土层的渗透性指标,并根据污染土与地下水的分布特征,对隔离屏障的设计与施工提出相关建议。

5 宜分析修复工程对周边环境的影响及修复后二次污染风险,提出监测、检测等措施建议。

4.5 成果报告

4.5.1 勘察成果报告应满足场地污染土与地下水修复治理的需要。成果报告应包括文字、图表和必要的附件,应根据任务要求、工程特点、场地地质和水文地质条件、污染物分布特征,结合当地工程经验,经综合分析评价后编写。

4.5.2 勘察成果报告应附下列图表:

1 勘探点平面布置图。

2 污染土和地下水平面分布图。

3 工程地质剖面图及污染深度分布图。

4 钻孔柱状图。

5 地下水监测井结构剖面图。

6 室内土工试验成果图表。

7 室内水土样品环境指标检测成果图表。

8 场地调查记录(含调查照片)。

9 现场测试成果图表等。

4.5.3 勘察成果报告宜提供以下附件:

1 地下水等水位线图或地下水流场图。

2 收集的场地环评报告、环境调查报告、专项检测报告等。

5 挖除法

5.1 一般规定

5.1.1 本章适用于污染土挖除法涉及的支护、开挖、回填处理及过程监测。

5.1.2 污染土开挖应满足边坡稳定性与周边建（构）筑物安全保护的要求，并采取必要的支护措施。

5.1.3 污染土开挖的支护形式应根据地质与水文地质条件、开挖规模、污染物分布特征、环境保护要求及场地条件等因素，通过技术经济比选确定，并符合下列要求：

    1 应按现行上海市工程建设规范《基坑工程技术标准》DG/TJ 08—61相关规定确定安全等级及建（构）筑物的保护等级。

    2 紧临地表水的污染土开挖宜采用板式支护形式。

    3 污染土开挖应做好降排水工作。

5.1.4 应根据场地地质与水文地质条件、污染物种类及污染程度、污染物的空间分布，对污染土实施分区域、分层开挖，并根据工程需要进行回填。

5.1.5 当场地的后续利用方案明确时，支护、开挖及回填宜兼顾开发利用的相关要求。

5.1.6 支护、开挖及回填实施过程中应进行监测，并及时反馈支护结构、周边建（构）筑物以及敏感目标等信息，指导现场施工。

5.2 支 护

5.2.1 污染场地开挖支护的设计和施工除应符合现行上海市工

程建设规范《基坑工程技术标准》DG/TJ 08－61 的规定外,尚应符合本节规定。

5.2.2　污染场地土层物理力学性质指标及支护结构上的土、水压力计算应符合下列要求:

　　1　当土层物理力学性质受污染影响有显著差异时,应采用分区统计的相关指标。

　　2　作用在支护结构上的土压力,应根据支护结构与土体的位移情况确定土压力计算模式。

　　3　作用在支护结构上的水压力,应根据开挖回填过程中支护结构外侧地下水位计算。

5.2.3　当开挖易引起污染物迁移,或开挖引起的地下水位变化对周边环境有影响时,支护结构应具有良好的隔水性能;临近地表水时,应对支护结构的防渗性能进行加强。

5.2.4　当采用放坡方式时,应按现行上海市工程建设规范《基坑工程技术标准》DG/TJ 08－61－2018 第 6.2.1 条进行边坡整体稳定性的验算,并应符合下列要求:

　　1　开挖深度不宜大于 7.0m,挖深超过 4.0m 应分级放坡;放坡坡比宜为 1∶1.5～1∶2.0,平台宽度不宜小于 3.0m。

　　2　淤泥质土层中放坡坡比宜为 1∶2.0～1∶2.5,厚层填土或暗浜范围放坡坡比宜不大于 1∶3.0。

　　3　当开挖边坡位于淤泥、暗浜、暗塘等极软弱土层时,应采取放缓边坡或其他加固措施。

5.2.5　放坡开挖坡顶应设置排水沟,坡面应采取护坡措施,并应符合下列要求:

　　1　坡顶排水沟应贯通,并根据场地条件间隔布置集水井;排水沟及集水井应采取防渗构造措施;排水沟与坡边距离不宜小于0.5m。

　　2　宜采用坡面铺设土工织物或钢丝网喷射混凝土等护坡措施。

3 护坡面层宜扩展至坡顶,且宽度不宜小于1.0m,并与排水沟相连。

5.2.6 放坡开挖坡顶宜设置护坡降水井点,当有止水帷幕时,井点应设置在止水帷幕内侧。

5.2.7 当污染土开挖深度较大或受场地条件限制无法放坡时,宜采用板式支护结构,并符合下列要求:

1 应按现行上海市工程建设规范《基坑工程技术标准》DG/TJ 08—61的相关要求进行验算。

2 宜优先选用无内支撑的板式支护体系。

3 宜采用组合型钢、型钢水泥土搅拌墙等可回收的支护结构。

4 当采用灌注桩支护结构时,宜采用长螺旋或全套管干取土成孔工艺。

5.2.8 当场地污染物具有腐蚀性时,宜对支护结构采取相应的防腐措施,并采取措施防止二次污染。

5.2.9 采用型钢水泥土搅拌墙时,支护结构应布置在污染区域以外,水泥土搅拌墙施工前应开挖沟槽,施工过程中应做好置换土、泥浆的处置并及时清运。

5.2.10 支撑体系宜选取可回收的钢支撑及组合型钢立柱;回填过程中当支护结构满足安全时宜及时进行回收。

5.2.11 当板式支护结构设置内支撑且对回填有压实要求时,应根据支撑设置情况及回填进度选用合适的压实机械,施工过程中严禁碰撞立柱。

5.2.12 疏干降水及明排水应符合下列要求:

1 开挖深度大于3.0m时宜进行疏干降水,水位降至开挖面以下0.5m~1.0m方可进行开挖。

2 疏干降水宜采用轻型井点或管井,降水井深度应根据污染土和水的分布确定。

3 降水井宜选用干取土成孔工艺,施工过程中应对污染土和清洁土进行分离,并分别处置。

4 井点管或井管宜选用防腐性能好的聚氯乙烯(PVC)管或聚乙烯(PE)管,当选用钢管时应根据污染物特征采取防腐及二次污染的防控措施。

5 降水井管的设计除满足降水要求外,尚宜满足井管拔除的要求。

6 开挖区底部应设置排水沟、集水井和采取必要的防渗措施,并随污染土开挖过程适时调整;污染地下水应及时排至污水处置地点。

5.3 开 挖

5.3.1 开挖前应根据场地勘察报告现场核实浅部杂填土分布及成分,对于粒径超过 50mm 的混凝土块和砖块、浜底淤泥等应单独开挖和分选。

5.3.2 应根据污染物种类与分布特征、修复方法与工艺,对待开挖污染土进行空间分块并编号;应根据污染土分块编号按照分层、分段、分块的方法确定开挖顺序。

5.3.3 污染土单日开挖量应根据场地条件、暂存地存储量以及单日处置量等因素确定。

5.3.4 污染土开挖分层厚度不宜大于 1.0m,开挖过程中临时边坡坡度不宜大于 1∶1.5,并应随挖随覆盖。

5.3.5 支护结构有内支撑时,应按照先撑后挖、限时支撑、分层开挖、严禁超挖的方法确定开挖顺序,并应符合下列要求:

1 钢支撑应在质量验收并施加预应力后,方可进行下层土开挖。混凝土支撑应在支撑达到设计要求的强度后,方可进行下层土开挖。

2 开挖和转运机械不得直接在支撑上行走或作业,当机械通过支撑时,应采取措施确保支撑安全。

5.3.6 当场地的规模大且涉及不同类型污染物时,宜对挖土和转运设备进行分组;如同组设备在不同污染类型或污染程度的区块交叉使用时,应提前进行清洗。

5.3.7 采用场地内异位修复模式时,应综合考虑场地条件、敏感目标、修复方法、修复工程量、修复工期等因素确定污染土暂存和处置地点,并应符合下列要求:

    1 污染土暂存和处置地点距离开挖边线不宜小于开挖深度的 5 倍。

    2 污染土暂存和处置区域应采取隔离及防渗措施。

    3 挥发性有机物污染土暂存和处置区域应设置集气装置,防止处置过程中气体逸散引起二次污染。

    4 污染土暂存和处置地点堆放的竖向荷载应小于堆放区域地基承载力特征值,且堆放高度不宜超过 4.0m,或进行地基加固满足堆放要求。

5.3.8 场地内污染土转运路线宜进行地基加固和表面硬化处理,必要时设专用转运路线,转运路线两侧宜设置具有防渗措施的排水沟和集水井。

5.4 回 填

5.4.1 当场地的污染土开挖后需要回填时,应综合考虑回填要求、坑底土质条件、开挖深度、支护形式、回填材料、周边条件、回填施工作业条件等因素确定回填方案。

5.4.2 回填前应对开挖区域的侧壁和坑底土进行验收监测,达标后方可回填。回填宜分块施工。

5.4.3 回填材料宜优先选用修复土,也可采用客土或其他土工材料;回填前应对回填材料的环境指标进行检测,严禁使用污染物超标的回填材料。

5.4.4 场地对沉降和地基承载力无要求时,回填施工可不做压

实处理。场地有压实要求时,应符合下列要求:

    1 回填材料宜选取粉质黏土、砂、碎石、灰土等。

    2 回填材料粒径不宜大于 100mm,有机质含量不宜大于 5%。

    3 根据回填材料特性和回填要求,采取相应的压实措施。

5.4.5 回填过程中宜将支护和降水等工序遗留的围护体、支撑、立柱、护坡及井管等进行回收。

5.4.6 回填施工过程应有专人负责质量、环境监测和控制,并应对回填批次、回填土特性及回填进程等做详细记录。

5.5 监 测

5.5.1 支护、开挖及回填过程中,应根据相关规范和设计要求进行监测,监测内容宜包括:

    1 支护体系安全监测。

    2 周边建(构)筑物等保护对象监测。

    3 污染土清挖效果的监测。

    4 开挖过程废水、废气的监测。

    5 回填材料环境指标的监测。

    6 周围敏感目标的监测。

5.5.2 监测项目应根据支护结构的形式与等级、周边建(构)筑物及设施的保护等级、污染物分布、回填要求以及周边敏感目标分布等因素确定。

5.5.3 支护体系与开挖影响范围内建(构)筑物的监测应符合现行上海市工程建设规范《基坑工程技术标准》DG/TJ 08-61 及《基坑工程施工监测规程》DG/TJ 08-2001 的相关要求。

5.5.4 支护、开挖及回填施工过程中废水、废气和废渣的监测应符合相关规范及设计要求。

5.5.5 污染土清挖效果的监测点布置除应符合现行行业标准

《场地环境监测技术导则》HJ 25.2 及设计要求外,尚应符合下列要求:

  1 当采用放坡形式时,应在开挖区域的侧壁和坑底布置监测点。

  2 当采用板式支护形式时,应在坑底布置监测点。

  3 当监测结果不满足设计要求时,应采取有效措施。

5.5.6 回填材料应按每 $500m^3$ 采集 1 组样品进行污染因子检测,满足设计要求方可使用。

5.5.7 当回填有压实要求时,回填过程的监测应结合场地后期利用情况,按相关规范和设计要求进行压实度检测。

6 搅拌法

6.1 一般规定

6.1.1 本章适用于采用搅拌法添加药剂、辅助材料处置污染土的设计、施工与过程监测。

6.1.2 可根据场地污染物类型、修复深度、场地利用规划及周边敏感目标等选择原位搅拌或异位搅拌。当污染物为挥发性有机物、嗅阈值低的污染物及剧毒污染物时,禁止敞开式搅拌。

6.1.3 搅拌法采用的药剂种类、添加形式和掺入量应根据污染物特征、土层含水量、修复工艺等因素选择。

6.1.4 修复方案设计前应进行小试试验,确定药剂最佳配比、添加方法、养护方式与时间;施工前应进行现场中试,确定搅拌设备与搅拌工艺,优化设计参数。

6.1.5 施工前应复核修复区域的边界、不同污染类型或污染程度的分布;原位搅拌前应进行场地清障;异位搅拌前应筛除大粒径碎石及块石等,并对污染土进行破碎与水分调节预处理。

6.1.6 不同污染类型与污染程度的土应分区、分类搅拌;不同区块的污染土搅拌前,应对设备进行清洗。

6.1.7 施工中应进行过程监测,并根据监测结果调整施工工艺和参数。

6.2 设 计

6.2.1 搅拌法的设计内容应包括药剂种类、掺入量、添加形式和搅拌工艺等。

6.2.2 应根据使用条件和工艺选择化学性质适宜的液体药剂或粉剂;药剂掺入量应根据已有经验和小试结果确定,并根据中试结果验证与优化。

6.2.3 对于复合污染类型土,应确定针对不同类型污染物的药剂种类、添加顺序及其反应条件。

6.2.4 原位搅拌设计应根据污染类型、污染程度与修复范围对污染场地进行区域划分,按浅层搅拌(深度≤3m)与深层搅拌(深度＞3m)分别确定药剂添加方式、有效搭接尺寸等,并符合下列要求:

   1 浅层搅拌宜采用翻滚式搅拌工艺,相邻点位有效搭接尺寸应不小于200mm。

   2 深层搅拌宜采用回转式搅拌工艺,搅拌头直径宜不小于700mm;相邻搅拌体有效搭接尺寸应不小于100mm。

   3 可采用常压或加压方式添加药剂;加压方式下,液体药剂喷射压力宜不大于0.5MPa,粉剂喷射压力宜不小于0.5MPa。

6.2.5 异位搅拌设计应根据污染物类型、污染程度选择封闭式或敞开式搅拌,并根据工程需要配置有效的废气和废水收集、处置设施。

6.2.6 异位搅拌设计应包括污染土挖除、预处理与暂存、搅拌与养护等,并符合下列要求:

   1 应明确污染土的清理目标值。

   2 应明确不同污染类型与程度的污染土挖出后需分别堆存、覆盖的要求。

   3 预处理后土块的尺寸不宜大于30mm,含水量宜为25%～30%。

   4 应明确药剂掺量、掺入方式及污染土与药剂的混匀要求。

   5 针对搅拌后的土应根据反应类型提出养护时间及防雨、防尘要求。

6.2.7 搅拌法中试试验应评估和验证设计方案的合理性及效

果,根据试验结果优化或调整设计,并符合下列要求:

    1 原位搅拌的中试试验点应布设于有代表性的区域,并结合场地规模、污染类型及分布特点确定试验工况与数量。

    2 异位搅拌的中试试验应选择有代表性的污染土,并结合修复工程量、污染类型等确定中试试验数量。

    3 当需要添加多种药剂时,应验证和优化添加顺序。

6.3 施 工

6.3.1 搅拌法的施工应根据设计要求的搅拌模式,确定搅拌设备、施工参数、药剂掺入量及掺入方式、添加顺序等。药剂添加应定时、定量并保持均匀。

6.3.2 原位搅拌设备应根据修复规模、搅拌深度和修复进度等要求选择,并结合养护时间、现场条件等合理配置。搅拌设备的性能应符合下列要求:

    1 设备应包含搅拌装置、药剂添加与计量装置、动力与移动装置。

    2 当修复深度≤3m 时,宜选择单次搅拌面积较大的大扭矩短臂搅拌设备;当修复深度＞3m 时,宜选择深层搅拌设备。

    3 应结合施工需要配套防土粒团聚、防扬尘、防异味、防渗漏、防腐蚀、降噪声等的设备与措施。

6.3.3 浅层翻搅式原位搅拌施工应符合下列要求:

    1 应分区块依次实施搅拌,单点有效搅拌面积不宜小于 $0.8m^2$。

    2 修复深度超过 1m 时应分层搅拌。

    3 定点竖向反复搅拌不宜少于 2 个回次,翻搅时间不宜少于 10min。

    4 搅拌时应同步常压添加药剂。

6.3.4 采用液体药剂的深层原位搅拌施工应符合下列要求:

1 应控制搅拌头下沉及提升速度,搅拌下沉速率不宜大于1m/min,提升速率不宜大于0.5m/min。

2 搅拌点定位偏差不宜超过50mm。

3 搅拌垂直度应不大于1/100。

4 宜采用"两喷三搅"工艺,工程需要时可增加喷搅次数。

6.3.5 采用粉剂喷射的深层原位搅拌施工应符合下列要求:

1 搅拌头下沉速率不宜大于0.8m/min,提升速率宜为0.5m/min~0.8m/min。

2 搅拌点定位偏差不宜超过50mm。

3 搅拌垂直度应不大于1/100。

4 施工过程中应采取措施防止粉剂喷出地面。

6.3.6 异位搅拌前应在敏感目标下风向一定距离处布设异位搅拌处置场地,场地应满足暂存堆土承载能力,并应符合下列要求:

1 应合理布置土方暂存区、预处理区、搅拌修复处置区及专用运输道路;不同功能区不得交叉共用。

2 对具有挥发性、强烈异味的污染土,应设置封闭的作业棚,防止污染物逸散。

3 搅拌处与堆存场地应做好地面防渗、土方覆盖、废气收集与废水导排措施。

6.3.7 异位搅拌设备应根据修复土方量、药剂与土的性质、修复进度及二次污染防控要求等选择,并符合下列要求:

1 当采用一体化搅拌设备时,土方自进口至出口的搅拌时间宜为5min~10min。

2 当采用筛分铲斗式搅拌设备时,设备的处理能力宜不少于50m³/h。

3 当采用挖机、翻抛机等搅拌设备时,堆土高度宜不大于0.6m,每批次搅拌宜为2遍~3遍。

6.3.8 异位搅拌的施工应符合下列要求:

1 按设计用量、速率、顺序向污染土中添加药剂。

2 含挥发性有机物、高毒性污染物的污染土禁止与其他污染土混合搅拌。

3 搅拌后养护土应单独堆放与覆盖,养护期间应适时调节温度和湿度。

4 修复达标后的土应按设计要求外运或原场回填。

5 污染土的挖除与驳运应符合本标准第5章的相关要求。

6.4 监　测

6.4.1 搅拌施工期间的监测应包括下列内容:

1 目标污染物和残留药剂的浓度。

2 药剂搅拌前后土的 pH 值、含水量。

3 施工过程中产生的废水、废气、噪声及其对临近范围的二次污染。

4 施工活动对周边建(构)筑物的影响。

6.4.2 施工中应根据搅拌模式确定监测方案,并符合下列要求:

1 原位修复区监测点宜布设于具代表性的位置,且采样单元应不大于 20m×20m。

2 原位修复边界处宜按不大于 40m 间距布设监测点。

3 原位搅拌修复深度超过 1m 时,应按不大于 1m 的间隔分层采样。

4 异位搅拌法宜按在反应中及反应后以不超过 $500m^3$ 土为一批次采样,在搅拌土堆体表层、中层和深层采样。

5 应在场界、场内、周边敏感目标及排污口等位置布设二次污染防控监测点。

6.4.3 过程监测频率宜根据污染土修复进度分批次进行,每批次搅拌后至验收前采样监测不宜少于 2 次。

7 多相抽提法

7.1 一般规定

7.1.1 本章适用于挥发性有机物污染土和地下水的单泵式多相抽提法设计、施工、运行及过程监测,不包括后续废水及废气处理。

7.1.2 单泵式多相抽提应采用同一个真空泵将抽提井内气体和液体混合抽提至地表,经气液分离后再进行废水和废气处理。

7.1.3 多相抽提法设计过程中应进行现场中试试验;当工程规模较小时,中试试验的多相抽提装置可用于修复施工。

7.1.4 多相抽提系统的运行过程中应进行监测,并根据监测结果调整运行参数。

7.2 设 计

7.2.1 多相抽提法的设计内容应包括地下和地上设施的设计,并符合下列要求:

    1 地下设施设计应包括抽提井的平面布设、影响半径、井结构,以及井头真空度、流体抽提速率等工艺参数。

    2 地上设施设计应包括真空设备的选型、管道系统、相分离系统和电气与控制系统等。

7.2.2 多相抽提井的布设应确保整个污染区域均被影响范围覆盖,井的数量应根据单井的影响半径确定;多相抽提井的影响半径可在如下范围内选取并根据中试试验成果确定:

    1 黏性土:1.0m~2.0m。

2 粉性土:1.5m～5.0m。

3 砂土:3.0m～8.0m。

7.2.3 应通过中试试验确定单井影响半径、井头真空度、流体抽提速率等设计参数,并符合下列要求:

1 中试时应安装至少2口多相抽提井,当地质条件、污染情况复杂时,宜适当增加。

2 中试试验持续时间应以各参数均达到稳定状态为准,且不少于1d。

7.2.4 多相抽提中试试验的监测点应安装在抽提井周围的不同距离、不同方位处;各监测点应置于非饱和带与饱和带,分别用于监测土中气压变化,以及地下水水位变化、地下水中污染物浓度变化和非水相液体厚度变化。

7.2.5 多相抽提井管直径宜不小于80mm,管材可采用聚氯乙烯(PVC)材质;如果井内存在高浓度的自由相有机物,宜采用不锈钢材质井管。

7.2.6 工程需要时,应在多相抽提井内设置引流管,引流管外径宜为井管内径的1/3～2/3,引流管底端设置深度应根据井内地下水位设计降深确定。

7.2.7 多相抽提井的滤管段应覆盖污染深度,宜采用切缝式,并根据地层特性和滤料等级设计切缝大小。

7.2.8 多相抽提法中施加的井头真空度可根据场地地质与水文地质条件和需要达到的影响半径及井内水位降深确定,宜在20kPa～60kPa范围内选取。

7.2.9 多相抽提法中单井抽提速率包括气体抽提速率和单井液体抽提速率,气体抽提速率可控制在$0.05m^3/min～10m^3/min$之间,单井液体抽提速率可控制在$0.001m^3/min～0.5m^3/min$之间。

7.2.10 多相抽提法宜选用液环式真空泵,其规格应满足井头真空度、系统真空度及抽提速率的要求。

7.2.11 地上管道系统应符合下列要求：

1 地上管道系统的设计与构建应与地下部分的设计配套，以确保地下设施与地上处理设施的兼容性。

2 单个抽提井顶端以及地面真空泵体进口端宜安装一段透明的聚氯乙烯（PVC）管或透明视窗用于观察抽提的流体状况。

7.2.12 地上系统中的相分离单元应包括气液分离器和油水分离器，并符合下列要求：

1 气液分离器宜安装在地面真空泵和抽提井之间，且设计壁厚和材质应能承受真空泵所产生的最大真空度。

2 如抽提混合液中存在自由相的污染物，应在气液分离器和后续的废水处理系统中设置油水分离器。

7.2.13 多相抽提系统的控制宜包括井内真空控制、气液流体抽提速率控制、系统液位控制和温度控制等，并符合下列要求：

1 多相抽提系统应使用阀门来调节流量和真空度，阀门应分配唯一的标识号，并配有识别标志。在多井系统中，可通过在井口安装调节阀方式控制井内真空度，平衡和调整各抽提井的抽提速率。

2 应在相分离容器内安装液位计控制系统的启停。

3 系统温度不宜超过43℃，通过对废气、真空泵内润滑液或密封液体的温度监测控制系统的启停。

7.3　施工与运行

7.3.1 地下抽提井安装应根据设计要求及场地条件进行，并符合下列要求：

1 钻孔直径宜比井管直径大 10cm～15cm。

2 滤料安装高度应高于滤管顶部 0.6m。

3 井管安装好后宜布置 0.6m～1.0m 的膨润土井封于滤料之上。

4 抽提井安装好后应进行洗井。

7.3.2 多相提抽井井头安装应考虑井盖、引流管出口、控制线以及取样口的位置布设,宜使用橡胶塞等进行密封操作,并宜对井头进行机械防护。

7.3.3 多相抽提井井头处及管路集汇处需要安装的组件宜包括真空计、流量控制阀、流量计、取样口、大气进气口、泄压阀和止回阀;涉及易燃易爆污染物的系统还宜配备可燃气体或有机蒸汽检测器。管路和仪表均应有抗负压的功能。

7.3.4 多相抽提系统设备安装应符合下列要求:

1 地上设施宜布设于室内,并配备相应的电气和控制系统与通风系统。

2 废气排放源应置于封闭空间外。

3 如有置于建筑物外的电气元件则应有覆盖和防护措施。

7.3.5 多相抽提系统正式运行前,所有地面以上的设备和管道应进行下列内容的检查和调试:

1 管路设备是否连接正确,是否密封。

2 真空泵能力是否满足设计要求。

3 相分离器是否有效工作。

4 电气及仪表控制系统是否正常工作。

7.3.6 多相抽提运行过程中抽提出的地下水中污染物浓度经检测达标,可直接排放至周边市政污水管网;若超出污水排放标准,应进行废水处理,达标后方能排放。

7.3.7 如抽提液内存在非水相液体,应将系统分离回收的非水相液体回用于生产或作为危险废物进行处置。

7.3.8 多相抽提系统抽出的气体应经废气处理达标后排放。废气处理设施宜考虑进气的高湿度问题。

7.3.9 当多相抽提系统连续运行 48h 以上时,可进入稳定运行阶段;当达到预期修复目标时,可关停系统。

7.4 监　测

7.4.1 多相抽提系统运行过程中应监测下列内容：

1 井头真空度、真空泵入口处真空度、真空泵出口处压力。

2 代表性抽提井的单井抽提速率、系统处理后总出水量及总排气量。

3 真空泵排气温度。

4 抽提井及监测井内地下水水位和非水相污染物（NAPL）厚度。

5 非饱和带内的真空度。

6 抽提液体流态。

7 系统运行时间。

8 系统水耗和电耗。

7.4.2 多相抽提系统运行期间，应对监测井和抽提井中的土壤气体、地下水中的目标污染物浓度进行监测，每周不少于 1 次；对监测井和抽提井中的液位进行监测，每天不少于 1 次；并宜根据监测结果对回收或去除的非水溶相液体（NAPL）和其他液态、气态污染物的质量进行分析和计算。

7.4.3 修复实施过程中，应对废气、废水处理系统的出口处污染物浓度进行监测，实施期内第一个月应每周监测不少于 1 次，后期每两周监测不少于 1 次，且总次数应不少于 5 次。

7.4.4 多相抽提期间，应做好巡检工作，巡检内容应包括多相抽提设备、抽提井、管路系统的运行状况，以及监测设施和周边环境的情况等。每天巡检不应少于 2 次。

8 地下水抽提法

8.1 一般规定

8.1.1 本章适用于饱和带污染土和地下水修复治理中地下水抽提的设计、施工与运行、过程监测,不包括地下水抽出后的处理。

8.1.2 地下水抽提设计方案应综合考虑场地规模、地质与水文地质条件、污染物分布特征、修复治理要求及周边地表水体、建(构)筑物分布等编制。

8.1.3 地下水抽提正式施工前应进行现场中试试验,根据试验结果确定抽提设计、施工参数。

8.1.4 地下水抽提宜根据需要采取隔离措施,应避免实施过程中引起污染扩散和对周边环境产生不利影响等。

8.1.5 地下水抽提实施过程中,应对地下水位、水质及周边环境进行动态监测,并根据监测数据指导施工及运行。

8.2 设 计

8.2.1 地下水抽提法的设计内容应包括抽提井类型、抽提井结构、材料、抽提井布设、抽提设备选型、试验及运行要求等。

8.2.2 抽提井类型应根据场地地质与水文地质条件、修复深度要求、土层渗透系数、污染物种类等因素选择,常用抽提井类型及适用条件见表 8.2.2。

表 8.2.2　常用地下水抽提井类型及适用条件

适用条件　　抽提井类型	渗透系数（cm/s）	修复深度（m）	适用地层
轻型井点	$1\times10^{-7}\sim$ 1×10^{-4}	≤6	粉性土、砂土、粉质黏土和淤泥质粉质黏土
管井（真空管井）	$>1\times10^{-5}$ $(>1\times10^{-6})$	不限	粉性土、砂土、粉质黏土、富含薄层粉砂的黏土、粉质黏土

注：用于挥发性有机物污染地下水抽提时，宜采用多相抽提法，具体要求见本标准第
　　7章。

8.2.3　抽提井的深度应不小于修复方案确定的修复深度，并宜综合考虑地下水类型及埋深等因素。管井深度尚应考虑沉淀管长度。

8.2.4　轻型井点抽提的设计应符合下列要求：

　　1　井点管的外径宜为 38mm～55mm。

　　2　成孔孔径应不小于 300mm，成孔深度应比滤管底深不少于 0.5m。

　　3　滤管管径应与井点管一致，滤管长度应大于 1.0m；滤管段宜采用多孔式，管壁渗水孔宜梅花状布置，孔隙率应大于 15％；管壁外应设置滤网，且宜设置双层。

8.2.5　管井抽提的设计应符合下列要求：

　　1　井管外径不宜小于 140mm，成孔孔径宜大于井管外径 100mm。

　　2　滤管段宜采用多孔式，管壁渗水孔宜梅花状布置，孔隙率应大于 15％，管壁外设双层滤网，长度应覆盖拟抽提深度范围。

　　3　沉淀管长度不宜小于 0.5m。

　　4　在渗透系数较低的土层中应采用真空管井抽提。

8.2.6　抽提井材料应符合下列要求：

　　1　抽提井井管及管路材料应根据污染物种类确定，材质宜

为聚乙烯(PE)、硬聚氯乙烯(UPVC)或不锈钢;若场地污染物具有腐蚀性,材料应有抗腐蚀能力或预先进行防腐处理。

2 抽提井滤料粒径应根据含水层粒径确定,宜用磨圆度好、粒径均匀的中粗砂,且不含泥土、云母和有机杂质。单井滤料填充量应通过计算确定。

8.2.7 抽提井的管壁滤料应回填密实,滤料上方应采用黏土封堵密实或其他有效密封措施。当采用黏土封堵时,厚度应不少于0.6m。抽提井管周边0.5m范围尚应采用素土夯实密封。

8.2.8 抽提井布设应符合下列要求:

1 应根据场地的污染范围、污染程度、进度要求及周边环境等因素合理布置。

2 轻型井点管间距宜为1.0m～2.0m,单套井点系统总管长度不宜超过50m;管井间距宜为5.0m～10.0m。

3 抽提区域四角位置的抽提井宜加密。

4 若涉及支护工程、土方开挖、隔离屏障等,抽提井布设应考虑其相互位置及施工顺序,协同设计。

8.2.9 抽提设备应根据抽提井类型选用,轻型井点抽提可选用射流式或液环式真空泵,管井、真空管井抽提可选用潜水泵和液环式真空泵,其规格应满足抽提实施的要求。

8.2.10 抽提井的设计单井出水量、影响半径及间距等参数应通过现场中试试验确定,现场试验应符合下列要求:

1 现场单井试验的数量不宜小于3个,沿单井线状布设不少于2个观测井,井间距应符合本章第8.2.8条的规定。

2 若抽水试验井的出水量小,不能形成稳定水位时,可采用水位恢复法或注水试验确定土的渗透系数。

3 现场试验井的设计和施工应符合本章的相关规定。

8.2.11 当抽提井运行涉及真空抽提时,低渗透性土层中抽提井管内真空度宜不小于65kPa。

8.3 施工与运行

8.3.1 成孔施工应根据抽提井的类型选择成孔工艺及设备,并应符合下列要求:

1 宜优先采用干成孔工艺。

2 若地层易塌孔、缩孔,轻型井点成孔施工可采用水冲法或钻孔法,管井成孔施工可采用钻孔法,必要时可加套管钻进。

3 采用冲洗介质护壁成孔时,应将冲洗介质专门收集并合理处置。

4 成孔深度不应小于抽提井设计深度。

8.3.2 钻进到孔底后应清除孔底沉渣并立即置入井管、投放滤料及管外封闭,并应符合下列要求:

1 当采用冲洗介质护壁成孔时,钻进到孔底后应冲洗钻孔、稀释介质至返清水 3min～5min 后,方可向孔内安放井管、投放滤料。

2 滤料可由孔口管外直接填入,应沿井管四周连续均匀填充密实,随填随测,滤料填充量不应小于计算量的 95%。

3 填充滤料后,井管外围地面以下应用黏土填满压实。

8.3.3 应及时进行洗井,洗井应充分直至滤管及滤料水流畅通,洗井效果应符合下列要求:

1 井水中不应含有泥浆等。

2 出水量应稳定且达到设计要求。

8.3.4 抽提井管应依次连接支管、总管管路及抽水设备、集排水装置等,各部分应与抽提井的出水能力相匹配。管路中还应安装真空表、流量表及水位计等。

8.3.5 抽提系统正式运行前应进行检查和调试,并应符合下列要求:

1 检查成井记录表,复核抽提井的位置、井的结构、成井材料等是否符合设计要求。

2 记录真空度、水位、水量等变化情况,复核抽提井降深能否满足设计要求,各抽提井管与排水总管能否正常运行,集排水装置能否满足排水量要求。

3 检查供电线路和配电箱的布设是否满足抽提要求,并应配备必要的备用电源、水泵和有关设备及材料。

8.3.6 抽提的地下水中污染物浓度若达标,可将抽提地下水直接排放至市政污水管网,若超出污水排放标准,需进行处理且满足有关要求后方能排放。

8.3.7 冬季负温环境下,应对抽提管路等采取防冻措施:对管路、设备包裹保温,停止抽提应清空泵体和管路内的液体防止设施冻裂。

8.3.8 抽提结束后,抽提井可直接拔出或套管跟进拔出,并应充填黏土或注入水泥浆回填井孔。

8.4 监 测

8.4.1 地下水抽提应对目标污染物浓度、地下水位、总抽出水量及周边影响范围内的建(构)筑物、地下管线与设施进行监测。

8.4.2 地下水抽提实施前应先进行场地污染物浓度、地下水位等初始值测定,以及周边环境监测点的布设和初始数据的采集。

8.4.3 在地下水抽提过程中,应通过抽提井或监测井进行抽提运行监测,并应符合下列要求:

1 从抽提井及监测井中采集水样,检测目标污染物浓度的变化。

2 在抽提井或监测井中进行地下水位监测。

3 监测井深度宜根据场地污染深度设置。

8.4.4 地下水抽提正式运行后,监测应覆盖地下水抽提实施全过程,监测频次应符合下列要求:

  1 污染物浓度监测每周不少于 1 次。

  2 地下水位监测每天不少于 2 次。

  3 总抽出水量监测每天不少于 2 次。

8.4.5 周边影响范围内的地表变形、建（构）筑物、地下管线与设施的变形监测点位布设和频次应符合现行上海市工程建设规范《基坑工程技术标准》DG/TJ 08－61 和《基坑工程施工监测规程》DG/TJ 08－2001 的要求。

8.4.6 地下水抽提期间，应做好巡检工作，巡检内容应包括抽提管路、设备及运行状况、监测设施、周边环境情况等。每天巡检不应少于 2 次。

9 注入法

9.1 一般规定

9.1.1 本章适用于采用液态或浆态药剂注入饱和带土或地下水进行污染修复的设计、施工与运行、过程监测,对于包气带污染土的修复应慎重使用。

9.1.2 注入法注射的药剂种类应根据场地污染特征、地质与水文地质条件以及选择的修复工艺综合确定。

9.1.3 注入法设计前,应进行实验室小试,并应进行现场中试试验以核实修复效果,并确定设计参数、施工参数及施工工艺和施工设备。

9.2 设 计

9.2.1 注入法的设计内容应包括药剂用量、注射轮数、注射影响半径及注射点位布设间距、注射点位数、单点注射体积和药剂配置浓度、注射流量或压力等。注入法在设计时宜考虑药剂供应商的注射建议。

9.2.2 需要注射的总药剂量可通过选用的修复技术路线、场地污染状况、地质与水文地质条件以及设定的修复目标值,并结合过量系数等相关经验参数通过计算获得,再通过实验室小试及现场中试进行验证和修正。每轮需要注射的药剂量应在此基础上结合计划的注射轮数确定。

9.2.3 注射点数量应根据场地污染面积和注射的影响半径确定,注射点的布置应确保整个污染区域均被注射点的影响范围覆

盖到。注射影响半径宜根据场地地质与水文地质条件确定,可在如下范围内选取:

    1 黏性土:0.75m～1.5m。

    2 粉性土:1.2m～4.0m。

    3 砂土:2.5m～7.0m。

9.2.4 药剂配置浓度应根据每轮需要注射的药剂量、注射点位数以及单个注射点的注射体积确定。单点注射体积应根据注射点影响范围内的地层孔隙体积确定,宜在总孔隙体积的一定比例范围内选取:

    1 黏性土:5%～10%。

    2 粉性土:10%～20%。

    3 砂土:20%～35%。

9.2.5 单点药剂注射流量可根据注射深度、场地地质与水文地质条件以及注射药剂的类型等因素综合确定,注射流量可在如下范围内选取:

    1 地表下 5m 深度以内:$0.25m^3/h$～$1.5m^3/h$。

    2 地表下 5m～10m 深度:$1m^3/h$～$4m^3/h$。

    3 地表下大于 10m 深度:可根据需要在上述基础上进一步增加。

9.2.6 注入法在设计过程中应开展现场中试试验,并符合下列要求:

    1 应通过中试试验评估验证设计的修复效果,并根据需要调整设计方案中的注射影响半径和注射点数、单点注射药剂量和注射浓度、单点注射流量和注射点处压力等参数。

    2 注射点宜分布于整个污染羽内有代表性的靠近地下水上游的方向处。

9.2.7 注入系统应包括药剂配置单元和药剂注射单元,药剂配置单元包括搅拌桶和搅拌器,药剂注射单元包括注射泵、注射管路和注射点。注入系统的设备仪表及管材管件和防腐措施应根据目标污染物类型、所注射的药剂类型和注射流量及压力等设计参数综合确定。注射过程中应配备流量调节阀、压力表和流量计。

9.2.8 药剂搅拌桶可设置一个或多个,桶内宜设额定转速不低于 $60r/min$ 的搅拌器,上面宜设盖或者防护网。搅拌桶桶壁应设超高,单个桶的有效容积宜不小于一个注射点的注射体积。搅拌器可根据需要安装转速调节装置。

9.2.9 药剂注射单元的注射点形式应根据药剂的形态和黏度、土层均匀性及设计注射压力等因素选择注射井注射或注射杆直接推进注射,并符合下列要求:

    1 对需要进行多轮注射的普通液态药剂,宜采用注射井注射。

    2 对采用浆态或黏度较大的药剂或土质不均匀的场地,宜采用注射杆直接推进注射。

    3 当注射压力大于 $0.5MPa$ 时,宜采用注射杆直接推进注射,每个注射点位可按不同深度间隔的形式依次注射,注射杆直径宜取 $25mm\sim50mm$,注射深度间隔宜取 $0.3m\sim1m$。

    4 当注射压力小于等于 $0.5MPa$ 时,宜采用注射井注射,注射井直径宜取 $25mm\sim50mm$,在对应污染深度处可开不大于 $0.5mm$ 的筛缝或者筛孔,周边应填充石英砂滤料,上覆厚度不少于 $0.6m$ 的膨润土密封层。

9.2.10 注射泵可设置一个或多个,可选择隔膜泵、柱塞泵或螺杆泵,额定压力宜为 $0.5MPa\sim5.5MPa$。一个注射泵可通过管道连接多个注射点,每个注射点应分别配备阀门、流量计和压力表。

9.3 施工与运行

9.3.1 注射井或者注射杆的安装或施工宜以竖直方向为主,对于下列特殊情况可采用斜向或横向的安装或施工:

1 污染深度在 3m 以内的浅层污染区域。

2 位于大型设备或构筑物下方的污染区域。

3 其他竖直方向注射实施受限的区域。

9.3.2 注射开始前应做好充分的准备工作,包括机械器具、仪表、管路、注射药剂和稀释水、电路等的检查和系统密封试验。

9.3.3 当需要注射的药剂是原液时,可直接进行注射;当选择的药剂是固态物质或需要稀释使用的液态物质时,应在搅拌桶内按设计比例或浓度配置后再行注射。

9.3.4 配置药剂的稀释水宜采用自来水,根据需要也可采用场地提取的地下水或者清洁的地表水,严禁采用生活污水或者工业废水;对于特殊的药剂则应采用软化水或者除氧水配置。

9.3.5 每个注射点位注射一经开始宜连续进行,每天注射完成后宜用清水清洗整个注射系统。经配置的药剂的保存时间应符合下列要求:

1 经配置的浆体或者化学性质不稳定的水溶液应在当天注射完毕。

2 经配置的化学性质稳定的水溶液可以根据情况适当延长保存时间。

9.3.6 按设计比例或浓度配置的药剂应在搅拌桶内经搅拌机充分搅拌均匀,对于浆体还应在注射过程中不停地缓慢搅拌,转速宜在 10r/min~15r/min。经配置的药剂在泵送注射前宜经筛网过滤。

9.3.7 采用直接推进注射的注射杆,在注射前应采用液压或者机械振动的方式推进至地下设计深度后再开始注射,下压过程中应避免与注射杆设计推进方向垂直方位的扰动。

9.3.8 采用直接推进注射的注射杆,宜在注射完成至少 24h 之后再上拔。

9.3.9 注射杆推进入地下及注射杆拔出地面后,均宜对地下与地面的连通处采用膨润土及混凝土进行密封并养护一段时间,防止注射过程中冒浆。

9.3.10 在特殊气候条件下，现场注射施工应符合下列要求：

1 当冬季日平均温度低于5℃或者最低温度低于－3℃的条件下注射时，宜在施工现场采取适当的措施防止配置的药剂冻结；每日施工结束应清空注射泵体和管路内的液体，防止设施冻裂。

2 在夏季炎热条件下注射时，用水温度不宜超过35℃，并应避免注射设施特别是盛装药剂的搅拌桶暴露于阳光下。

9.3.11 施工过程中应采取措施减少对地下和地上设施的影响。注射施工过程中应保障施工效果并符合下列要求：

1 如注射施工过程中发生地面冒浆应立即停止注浆，分析冒浆原因，并采取调整注射压力或注射流量等措施。

2 如注射点封闭效果欠佳，宜重新封闭后再次注浆。

3 如受地下设施影响或者地层条件导致注射流量过低，应结束注射并更换注射点。

9.4 监 测

9.4.1 注入法施工过程中应进行监测，监测内容宜包括：

1 注射压力、流量和每个注射点的累计注射药剂量。

2 目标污染物浓度、药剂注射后的消耗量、副产物浓度、土层的理化性质等。

9.4.2 应布设土的采样点和地下水监测井进行修复过程监测，并符合下列要求：

1 在注射点周边应布设土的采样点和地下水监测井各不少于3个，工程需要时可进一步增加。

2 土的采样点和地下水监测井宜分布在注射点周边不同方位、不同距离处，且应包括污染区域地下水的下游方向。

3 土的采样深度和地下水监测井滤管深度宜根据场地污染

深度设置。

    4   地下水监测井应专门布设,不应兼作注射井。

9.4.3   注入法施工监测指标可包括目标污染物、注入的药剂、副产物、地下水水位和温度、pH 值、电导率、氧化还原电位,其他监测指标可根据具体的修复工艺综合确定。

9.4.4   注射过程中应进行日常巡检,巡检内容应包括注入设备运行情况、周边环境情况等,每天巡检不应少于 2 次;工程需要时可采用快速检测设备检测。

10 隔离法

10.1 一般规定

10.1.1 本章适用于在污染区域外围设置隔离屏障对污染物进行阻隔控制的设计、施工和过程监测。

10.1.2 隔离屏障可分为垂直屏障和水平屏障。垂直屏障宜采用水泥土、塑性混凝土等材料，工程需要时可采用型钢水泥土搅拌墙、土工膜与其他材料组合。水平屏障宜采用压实黏土、土工膜与压实黏土组合、钠基膨润土防水毯衬垫与其他材料的组合等。

10.1.3 隔离屏障防渗性能和厚度应满足设计使用功能要求。隔离屏障的施工应依据设计方案选择相应的施工工艺和设备，并应进行现场中试试验，优化设计方案和工艺参数。

10.1.4 兼作挖除法支护结构体时，垂直屏障的设计与施工除应符合本章规定外，尚应符合本标准第5章及现行上海市工程建设规范《基坑工程技术标准》DG/TJ 08—61 的相关要求。

10.1.5 隔离屏障施工期间和服役期间应进行过程监测，内容宜包括场地及影响范围内的目标污染物与地下水位、隔离屏障及周边建（构）筑物的变形等。

10.2 设 计

10.2.1 隔离屏障的设计内容应包括屏障选型、防渗性能、屏障入土深度和厚度等。在目标污染物迁移性强、污染浓度高，或地质条件有利于污染物迁移以及环境保护要求高时，应适当提高隔离屏障的设计要求。

10.2.2 隔离屏障选型应综合考虑使用功能、地质与水文地质条件、污染物分布及浓度、材料供应、施工技术与设备等因素。

10.2.3 隔离屏障的材料应无毒无害,具有良好的抗腐蚀能力和抗老化性能,并符合下列要求:

    1 水泥宜选用强度等级为 P.O42.5 级及以上普通硅酸盐水泥。

    2 黏土材料应选用土质均匀、有机质含量小于 5% 的黏性土,塑性指数范围宜为 15～30。

    3 膨润土宜采用优质钠基膨润土,膨润土目数宜为 200 目～400 目。

    4 防渗土工膜宜选用具有良好抗拉强度和韧性的高密度聚乙烯防渗土工膜(HDPE)或线性低密度聚乙烯膜(LLDPE)。

    5 钠基膨润土防水毯(GCL)厚度不宜小于 5mm。

    6 无纺土工布应具有良好的耐久性,且规格宜不小于 $600g/m^2$。

10.2.4 隔离屏障应在服役期内有效阻隔污染物的迁移扩散,屏障渗透系数应不大于 10^{-7} cm/s,有效扩散系数应不大于 10^{-2} m^2/a。工程需要时,可掺入提高屏障抗渗性的外加剂或掺和剂,且不得产生二次污染。

10.2.5 垂直隔离屏障的入土深度应大于最大污染深度,并根据隔水层分布情况进行调整:

    1 当浅部有良好隔水层分布时,垂直隔离屏障应嵌入隔水层不小于 1m。

    2 当底部已预先设置水平隔离屏障时,垂直隔离屏障应与水平屏障有效连接。

    3 当浅部不具备良好的隔水层或隔水层厚度小于 2m 时,可采用悬挂式隔离屏障,屏障深度应根据服役期内污染物迁移至屏障底部的浓度不大于预设标准确定。

10.2.6 垂直隔离屏障的厚度应根据设计服役期和击穿标准采

用渗流扩散模型计算确定。当采用水泥土墙、塑性混凝土墙作为屏障时,屏障有效厚度不应小于 300mm。

10.2.7 采用搅拌工艺的水泥土垂直隔离屏障的设计应符合下列要求:

    1 桩径宜为 350mm～850mm,搭接尺寸宜不小于 100mm;对污染严重的场地或区域,宜根据使用功能要求适当加大桩径和搭接尺寸。

    2 水泥土搅拌时宜添加 200 目～400 目的膨润土;膨润土掺量宜为 10%～15%,黏性土中取小值,砂土中取大值。

    3 当采用双轴水泥搅拌桩时,水泥掺量应不小于 13%,水灰比宜为 0.6～0.75;当采用三轴水泥搅拌桩时,水泥掺量应不小于 20%,水灰比宜为 1.5～2.0;对暗浜或有机质含量高的软弱土层,水泥掺量宜适当提高。

10.2.8 采用高压旋喷注浆工艺的垂直隔离屏障设计应符合下列要求:

    1 有效直径宜不小于 600mm,相邻桩间搭接长度应不小于桩径的 1/3。

    2 水泥浆液的水灰比宜取 1.0～1.5,水泥掺入量应不少于 25%,并宜加入不少于 15% 的膨润土。

10.2.9 采用塑性混凝土的垂直隔离屏障设计应符合下列要求:

    1 屏障有效厚度应不小于 300mm。

    2 水泥用量应不小于 $80kg/m^3$,黏土用量宜为水泥用量的 2 倍～3 倍,膨润土用量宜为 8%～35%。

10.2.10 土工膜材料用于垂直隔离屏障时,应与塑性混凝土、黏土或膨润土组合使用,并符合下列规定:

    1 屏障有效厚度宜不小于 300mm。

    2 相邻两幅膜体之间搭接长度应不小于屏障有效厚度的 1/2,且不小于 20mm。

10.2.11 水平隔离屏障的设计应符合下列要求:

1 有垂直屏障时，水平屏障应与垂直屏障完整有效搭接；当不设置垂直屏障时，应超出隔离区域边界不小于 2m。

2 水平隔离屏障设计应根据服役期、场地污染分布特征、风险控制目标等因素，选用单一或组合材料。

3 必要时应设置地表水、地下水或气体的导排、收集和处理系统。

10.2.12 当采用压实黏土层作为水平隔离屏障时，应符合下列要求：

1 压实黏土层厚度不小于 300mm。

2 黏土压实度不小于 0.90。

3 压实黏土层渗透系数不大于 10^{-7} cm/s。

10.2.13 用于水平隔离屏障的土工合成材料应符合下列要求：

1 土工膜和膨润土防水毯应与其他材料组合使用，上表面应采用非织造土工布作为保护层，下设厚度不小于 200mm、压实度不小于 0.9 的压实黏土衬垫层。

2 应合理布局每片材料的位置和摊铺方向，减少接缝数量及其受力，接缝应避开弯角。

3 土工合成材料禁止直接暴露在日光下。

10.2.14 设于地表的水平屏障应按现行国家标准《室外排水设计规范》GB 50014 的有关规定作排水设计。

10.2.15 当垂直隔离屏障顶部或临近有附加荷载作用时，设计应考虑相应荷载作用的影响。当地表附加荷载超过 30kPa 时，应分析大面积附加荷载对屏障的不利影响。

10.3 施 工

10.3.1 隔离屏障施工前应通过现场中试确定和优化施工工艺参数，并符合下列要求：

1 采用搅拌和旋喷工艺的水泥土垂直屏障，应进行现场工艺性试成桩,试成桩数量不应少于 3 根。

2 采用泥浆护壁成槽工艺施工的黏土墙、塑性混凝土墙等垂直隔离屏障,应进行试成槽,确定合适的成槽机械和施工参数等。

3 用于水平屏障的土工合成材料应进行铺装试验,试验面积应不小于拟处理面积的 1% 且不小于 $50m^2$。

4 用于水平屏障的压实黏土施工前应通过室内试验测定最大干密度和最优含水量,并通过现场试验确定碾压遍数与压实度的关系。

10.3.2 水泥土搅拌桩垂直屏障的施工应符合下列要求:

1 双轴水泥土搅拌桩施工深度不宜大于 14m,三轴水泥土搅拌桩施工深度不宜大于 30m,搅拌桩成桩直径和桩长不应小于设计值。

2 双轴水泥土搅拌桩应采用两喷三搅工艺,钻头搅拌下沉速度不宜大于 1m/min,钻头喷搅提升速度不宜大于 0.5m/min,钻头每转一圈的提升或下沉量宜为 10mm～15mm;三轴水泥土搅拌桩搅拌下沉速度宜控制在 0.5m/min～1m/min 范围内,提升速度不宜大于 1m/min,并保持匀速下沉或提升。

3 双轴水泥土搅拌桩垂直度偏差不应大于 1/150;三轴水泥土搅拌桩垂直度偏差不应大于 1/200。

4 桩位的偏差应不大于 50mm。

5 相邻桩的施工时间间隔不应大于 16h。

6 对污染浓度高、土的渗透性良好、暗浜等不良地质条件,应适当增加搅拌次数。

10.3.3 高压旋喷注浆垂直屏障应根据工程需要采用双管法或三管法进行施工,并应符合下列要求:

1 高压注浆压力宜不小于 20MPa,气流压力宜取 0.7MPa,提升速度宜取 0.05 m/min～0.10m/min。

2 钻孔的位置与设计位置的偏差应不大于 50mm,垂直度偏差应不大于 1/150。

3 注浆管置入钻孔喷嘴达到设计标高时,方可喷射注浆。在喷射注浆参数达到规定值后方可提升注浆管,由下向上喷射注浆;注浆管分段提升的搭接长度宜大于 100mm。

4 相邻两桩施工间隔时间不应小于 16h,先后施工的两桩间距不应小于 4m。

5 对受污染程度高、土的渗透性良好、暗浜等不良地质条件,应根据施工情况采用复喷措施,复喷施工应先喷一遍清水再喷一遍或两遍水泥浆。

10.3.4 塑性混凝土墙和土工膜垂直屏障的施工宜采用成槽并填充材料的方式,并符合下列要求:

1 施工应设置钢筋混凝土导墙,导墙施工应符合现行上海市工程建设规范《基坑工程技术标准》DG/TJ 08－61 的相关规定。

2 成槽时应采取泥浆护壁措施,泥浆比重宜保持在 1.05～1.25 之间,浆液顶面应高出地下水位,泥浆面应保持在导墙顶面以下 300mm～500mm。

3 成槽垂直度偏差应不大于 1/200。

4 槽底沉渣厚度不应大于 200mm。

5 泥浆下浇筑混凝土应采用直升导管法,导管内径宜为 200mm～250mm。

6 相邻的屏障幅连接宜采用接头管法或切削法施工。

7 成槽过程中应监测沟槽宽度、垂直度和深度。槽段验收合格后应清除槽内的泥浆和底部沉渣。

10.3.5 用于水平隔离屏障的压实黏土层施工应符合下列要求:

1 当压实黏土屏障位于自然地面上时,应对地面做清表、平整和碾压预处理。

2 当压实黏土层位于土工合成材料上面时,下卧土工合成材料应平展,并应避免黏土压实过程中被施工机械破坏。

3 黏土屏障应分层压实,单层松铺厚度宜为 250mm～

350mm,压实度应不低于 0.90。

4 各层土之间应紧密结合,施工前应将前一压实层表面拉毛,拉毛深度宜为 25mm,并计入下一层松土厚度。

10.3.6 用于水平隔离屏障的土工合成材料施工应符合下列要求:

1 土工合成材料铺设前,应对地面做清表、平整和碾压预处理。

2 土工合成材料铺设时应预留足够的伸缩量并一次展开到位,展开后不宜再拖动。

3 土工合成材料铺设时应以品字形分布,并应及时连接。

4 斜坡处施工时,应预先在坡顶锚固再沿斜坡向下铺设,在坡面上宜整卷铺设,不得有水平接缝。

5 对已铺设到位的土工合成材料,车辆、施工机械不得直接碾压或行驶,并严格控制各类设备、器具的使用和放置。

6 对施工中发现的土工膜上的裂缝和孔洞应使用相同规格材料进行修补,修补范围应大于破损处周边 300mm。

10.4 监 测

10.4.1 隔离屏障施工中应监测垂直隔离屏障内外地下水的水位、土和地下水中目标污染物浓度;对目标污染物为挥发性和半挥发性有机物的场地,尚应进行场地内和场界的空气质量监测。

10.4.2 隔离屏障内外土和地下水监测点应布设于场地及其影响范围的代表性位置,且沿屏障周界每 100m 不应少于 1 组,特殊情况下宜加密布置。当屏障体内部需要设地下水监测采样井时,应采取必要的防渗措施。

10.4.3 当需要监测施工对空气质量的影响时,应在场地内和每个边界均至少布设 1 个监测点,并宜综合采用现场快速检测与采样化验分析手段。遇有挥发性污染物浓度高等情况以及场地下风向,监测点位应适当加密。

11 安全防护

11.0.1 本章适用于污染场地修复治理施工现场及周边环境的安全防护。

11.0.2 污染场地修复治理施工应采取安全防护措施,并应符合下列要求:

    1 污染场地修复治理施工前,应识别潜在风险,编制安全防护专项方案。

    2 加强日常管理,确保施工用水、用火、用电及用气安全。

    3 加强对人员、材料和机械设备的安全防护。

    4 应采取有效措施进行二次污染防控,确保周边环境安全。

11.0.3 污染场地修复治理施工的安全风险识别应包含以下内容:

    1 场地污染源相关风险。

    2 场地内建(构)筑物和地下障碍物相关风险。

    3 材料(含药剂)相关风险。

    4 机械设备相关风险。

    5 用水、用火、用电、用气相关风险。

    6 现场人员操作与管理相关风险。

11.0.4 应针对中毒、机械伤害、触电、火灾和恶劣天气等风险制定应急预案,应急预案应包括组织机构、应急物资配备和应急处置措施等。

11.0.5 污染场地修复与治理施工应加强日常管理,并应符合下列要求:

    1 施工现场边界应设置连续封闭的围挡,出入门及内侧应悬挂施工现场平面图、工程概况图、管理人员名单及电话牌和安全防护图等。

    2 施工现场配备个体防护装备和常用急救药品。

    3 设置安全管理员，并进行安全检查与巡视。

    4 进行安全交底，特种操作工人持证上岗。

    5 外来人员未经允许一律不得进入场地内。

    6 进入现场人员应有两人及以上相互监护。

    7 现场人员严禁饮用场地内地表水或地下水，禁止在污染场地饮食。

    8 作业工人应更衣后才能出场。

11.0.6 现场作业人员应根据污染物类型、浓度、毒性或致癌性及迁移性等特征采取相应的安全防护措施，并符合下列要求：

    1 进入现场应佩戴安全帽、口罩、手套，穿硬底劳保鞋等。

    2 当污染物浓度高，或有高致癌性，或具急性毒性，或具有易挥发等强迁移性时，应佩戴防毒面具、防护眼镜，穿防护服、防化硬底劳保鞋，带防化手套等。

11.0.7 对于污染场地修复与治理施工中使用的材料（含药剂）、机械设备等安全防护，应符合下列要求：

    1 采用的主要材料、机械设备应有质量证明文件、技术性能文件和使用说明文件，对于药剂尚应提供化学成分检测报告和化学品安全技术说明书。

    2 应根据施工所使用材料的种类和危险特性，在材料暂存场所设置相应的防渗、防雨等措施，并建立严格的领用、使用和回收制度。

    3 施工过程中所采用的机械设备应做好安全防护措施，防止漏油、倒塌或腐蚀等问题发生。

11.0.8 施工现场用火、用电安全应符合下列要求：

    1 应配置消防设施、器材，设置消防安全标志，保证疏散通道、消防通道畅通。

    2 施工现场应设置动火作业区，配备相应的消防器材。

3 各类带电设备须有良好的保护接地接零,做到"一机一闸""一箱一漏",传动部位应有防护罩。

4 现场用电应采用 TN-S 系统(三相五线制),并配备漏电保护装置。

5 采用移动式照明应使用安全电压。

6 发生电气火灾应自动切断电源,用干砂或干粉灭火器灭火。

11.0.9 对于场地及周边环境安全应符合下列要求:

1 施工前应进行地下障碍物的探查并验证。

2 施工前应对场地内及周边重要的建(构)筑物进行专项检测。

3 施工过程中应对周边环境采取相应保护措施,必要时应委托第三方进行监测。

11.0.10 施工过程中二次污染防控应符合下列要求:

1 土方开挖、运输、堆放过程中应采取遮盖、封闭、喷射水雾或洒水等措施控制扬尘;当涉及挥发性污染物时,尚应采取喷射气味抑制剂等措施控制气体逸散。

2 应采取措施防止钻孔、抽提、注入或搅拌等施工造成的污染物扩散或转移。

3 应采取有效降噪措施或采用低噪声的工艺、技术、措施和机械设备。

4 应收集施工过程和冲洗产生的污水、泥浆和残渣,并进行妥善处置。

5 用于污染土或地下水暂存和处理的场地,地面应作防渗处理,必要时应设置围堰。

6 现场设置办公(生活)区的,应采用分隔围挡与施工作业区明显分隔;场地内有挥发性有机物的,现场办公(生活)区宜布置在污染区域的上风向。

11.0.11 施工现场的一般废弃物和危险废弃物的暂存或处置应

符合下列要求：

    1 一般废弃物应分类集中暂存，宜回收或资源化利用。

    2 现场危险废弃物应做好防扬散、防流失、防渗漏等措施，委托具有资质的单位处置，并符合相关管理要求。

11.0.12 施工过程中，应根据所采用的修复治理方法分别按本标准第 5 章～第 10 章的要求，对场地内和周边环境进行大气中的特征污染物和扬尘、污水、噪声等监测，并关注敏感目标受施工影响的程度。

12 效果检验

12.1 一般规定

12.1.1 本章适用于施工单位自行开展的施工质量检测及修复治理后的效果检验。

12.1.2 修复治理工程的施工组织设计方案应对施工质量检测与修复效果检验提出要求。对隔离封闭后实施长期风险管控的场地,应制定长期监控与管理计划。

12.1.3 施工质量检测应根据具体情况确定,检测内容可包括挖除法修复时支护结构体系的施工质量、回填土的压实度和承载力、隔离屏障的抗渗性能等。

12.1.4 污染土和地下水修复效果检验需监测的环境指标应包括目标污染物、修复过程产物;对修复后需要纳管排放的地下水,监测指标尚应符合相关污水排放标准的要求。

12.1.5 施工单位开展的检测与检验除应符合本章要求外,尚应符合相关技术规范和设计要求,成果报告宜作为竣工验收资料。

12.2 施工质量检测

12.2.1 应根据采用的修复治理方法实施针对性的施工质量检测,检测项目应符合下列要求:

    1 当污染土开挖采取支护时,应对支护结构进行施工质量检测。

    2 当对回填土有压实要求时,应根据设计要求进行压实度检测。

3 当对回填后的地基有承载力要求时,应对回填土进行地基承载力检测。

4 当采用隔离屏障时,应进行抗渗性能检测。

12.2.2 污染土开挖采取的支护结构施工质量检测应符合下列要求:

1 检测点宜均匀布置,在支护结构体系的重要部位、施工中易出现异常的部位、地质条件复杂的部位应布设检测点。

2 支护结构材料强度检测应在达到设计强度的 70% 或经养护 28d 后进行。

3 当采用放坡开挖结合混凝土护坡时,应检测护坡面层的厚度,抽检数量宜每 100m² 一组,每组不少于 3 点。

4 当采用止水帷幕时,应在开挖前进行抽水试验检测止水效果,单个场地抽水试验点数不应少于 3 点。

12.2.3 回填土应分层检测压实度,达到设计值后再覆上层土。回填土压实度检测可采用环刀法、贯入法、轻型动力触探等现场试验方法或室内轻型击实试验方法,每 500m² 的面积宜布置 1 个检测点,且每个场地应不少于 3 个检测点。

12.2.4 回填土的承载力检测宜采用现场载荷试验,每个场地载荷试验不应少于 3 点,面积较大的回填区域可根据工程需要适当增加试验点数。

12.2.5 垂直隔离屏障应按设计材料配比制备试块进行室内抗渗性试验,每种材料配比试块应不少于 3 个;隔离屏障养护期后,应开挖检查屏障的完好性;条件具备且有工程经验时,可采用跨孔电阻率法等地球物理探测方法进行有土工膜的垂直屏障的无损检测;当工程规模大,或对隔离屏障抗渗性要求严格时,可在隔离墙体内取芯,并进行室内试验。取芯应符合下列要求:

1 取样点宜布置在地质条件复杂、施工中易出现异常情况的部位。

2 采用搅拌工艺施工的垂直隔离屏障,取芯数量应不少于 3

点,每孔芯样宜不少于 3 件试块。

3 采用成槽灌注工艺施工的垂直隔离屏障,取芯检验点数量应不少于 3 幅,每幅墙宜不少于 3 件试块。

4 钻孔取芯完成后的孔洞应及时采用具有良好防渗性能的材料填充。

12.2.6 水平隔离屏障的施工质量检测应符合下列要求:

1 底部的基础层和压实黏土层宜按 500m² 取 1 个点分层检测压实度,分层厚度宜为 20cm~30cm。

2 土工合成材料应无破损和无漏接现象,每条接缝或焊缝搭接宽度均应满足设计要求。

3 土工膜材料的焊缝应做渗漏检测;热熔焊接的每条焊缝应进行气压检测,挤压焊接的每条焊缝应进行真空检测。

4 土工膜材料的焊缝宜按每1000m取 1 个样品进行强度测试。

5 土工布和土工复合排水网的接缝宜按每 200m 取 1 个点检测搭接效果。

12.3 修复效果检验

12.3.1 修复治理竣工验收前,施工单位应对修复效果开展检验,检验内容宜包括:

1 污染土挖除后的坑底和侧壁的清挖效果。

2 回填土(含外来清洁土或异位修复后的土)的质量。

3 经修复外运处置土的质量。

4 原位修复的土和地下水环境质量。

5 经水处理后的水质。

6 隔离屏障的阻隔效果。

7 修复治理工程中产生的废水、底泥或废渣的处理效果。

12.3.2 采用挖除法的修复效果检验应符合下列要求:

1 污染土挖除后的坑底和侧壁应进行开挖清除效果检验，样品采集应不低于现行国家环境保护标准《污染地块风险管控与土壤修复效果评估技术导则》HJ 25.5 中的关于坑底和侧壁监测的技术要求。

2 回填材料的环境质量指标应满足环保相关要求和设计要求，且应按不大于 500m³ 一个批次采集样品进行监测。

3 经修复外运处置时，对外运土方应进行采样监测，并符合相关要求。

12.3.3 搅拌法的修复效果检验应符合下列要求：

1 原位搅拌效果检验点的布设，应符合现行国家环境保护标准《污染地块风险管控与土壤修复效果评估技术导则》HJ 25.5 的相关要求外，每个点所代表的面积宜不大于 400m²。

2 在目标污染物浓度最高处、污染深度最深处、污染范围边界处、相邻搅拌点位搭接处等代表性位置，原位搅拌效果的检验点宜适当加密。

3 原位搅拌检验点应垂向分层采样，采集表层土壤（0～20cm)，表层以下宜按 1m 间隔分层采样。

4 原位搅拌修复可能影响到地下水水质时，应对地下水进行采样，点位布设于搅拌区域及其上下游，且数量不少于 3 个。

5 异位搅拌的效果检验，采样单元宜不超过 500m³，宜在土堆体表层、中层和深层分别采样并制成混合样。挥发性有机物污染土不应采集混合样。

12.3.4 采用多相抽提法和地下水抽提法的修复效果检验应符合下列要求：

1 采样应在系统关停 1 个月后进行，工程需要时可延长间隔时间。

2 抽提结束后应进行不少于 2 轮的地下水监测，每轮间隔时间不少于 1 个月。

3 采样点的布设应满足现行国家环境保护标准《污染地块

地下水修复和风险管控技术导则》HJ 25.6 的相关要求,工程需要时可增加采样密度。

4 应对废水处理系统的出口处污染物浓度进行采样检验;当采用多相抽提法修复治理后,尚应对废气处理系统的出口处污染物浓度进行采样检验;检验频率每月不少于 1 次。

5 在产企业或修复完成后暂未再开发利用的场地,可根据工程需要开展修复效果的跟踪监测。

12.3.5 对抽出处理后的地下水达标排放前,应进行水质监测并满足符合下列要求:

1 采用序批式处理方式对污染地下水进行修复时,监测采样可以每 1 个批次地下水作为 1 个采样单元,每次在不同位置采集 4 个水样,组成 1 个混合样。

2 采用连续处理方式对污染地下水进行修复时,可在单日施工周期内于出水口位置每 2h 采集一个样品,制成 1 个混合样。

3 挥发性有机物污染地下水不宜采用混合样。

12.3.6 采用注入法的修复效果检验应符合下列要求:

1 监测采样应在药剂注入完成 1 周后进行,当采用原位生物修复等药剂时,宜进一步增加间隔时间。

2 监测采样布点应符合现行国家环境保护标准《污染地块风险管控与土壤修复效果评估技术导则》HJ 25.5 和《污染地块地下水修复和风险管控技术导则》HJ 25.6 的相关要求,工程需要时宜加密;对于表层以下的土,宜以不大于 1m 为一个垂向采样单元进行分层采样,并可根据实际情况调整;对单个污染羽面积大于 5000m² 的污染区域,宜布设不少于 6 个地下水监测井。

3 为监控可能出现的污染物浓度反弹情况,药剂注入完成后应进行不少于 2 轮的地下水监测,且每轮间隔时间不宜少于 10d。

12.3.7 隔离封闭系统需要长期运行时,应开展长期监测并评价隔离封闭效果。长期监测应符合下列要求:

1 宜沿隔离屏障每100m在屏障内外设1组地下水监测井。

2 应定期监测隔离屏障内外地下水水质和水位变化,水质监测频率宜为每季度不少于1次,水位监测频率宜为每月不少于1次。当发现地下水水质或水位异常时,应加大采样频率。

3 当阻隔目标污染物为挥发性或半挥发性物质时,应定期监测场地内和场界的挥发性或半挥发性物质在空气中的含量,监测频率应不少于每季度1次,且每边界至少设1个监测点。

本标准用词说明

1 为便于在执行本标准条文时区别对待,对于要求严格程度不同的用词,说明如下:

1）表示很严格,非这样做不可的用词:
正面词采用"必须";
反面词采用"严禁"。

2）表示严格,在正常情况下均应这样做的用词:
正面词采用"应";
反面词采用"不应"或"不得"。

3）表示允许稍有选择,在条件许可时首先应这样做的用词:
正面词采用"宜";
反面词采用"不宜"。

4）表示有选择,在一定条件下可以这样做的用词,采用"可"。

2 条文中指定应按其他有关标准、规范执行时,写法为"应符合……的规定"或"应按照……执行"。

引用标准名录

1 《室外排水设计规范》GB 50014

2 《场地环境监测技术导则》HJ 25.2

3 《岩土工程勘察规范》DGJ 08—37

4 《基坑工程技术标准》DG/TJ 08—61

5 《岩土工程勘察文件编制深度规定》DG/TJ 08—72

6 《基坑工程施工监测规程》DG/TJ 08—2001

7 《建设场地污染土勘察规范》DG/TJ 08—2233

上海市工程建设规范

建设场地污染土与地下水土工处置技术标准

DG/TJ 08－2295－2019
J 14695－2019

条 文 说 明

2019 上海

目　次

1　总　　则 …………………………………………… 67

2　术　　语 ……………………………………………… 72

3　基本规定 ……………………………………………… 73

4　勘察要点 ……………………………………………… 78

　　4.1　一般规定 …………………………………………… 78

　　4.2　勘察工作量布置 …………………………………… 78

　　4.3　现场测试与室内试验 ……………………………… 79

　　4.4　分析与评价 ………………………………………… 81

　　4.5　成果报告 …………………………………………… 82

5　挖除法 ………………………………………………… 83

　　5.1　一般规定 …………………………………………… 83

　　5.2　支　　护 …………………………………………… 84

　　5.3　开　　挖 …………………………………………… 89

　　5.4　回　　填 …………………………………………… 91

　　5.5　监　　测 …………………………………………… 92

6　搅拌法 ………………………………………………… 94

　　6.1　一般规定 …………………………………………… 94

　　6.2　设　　计 …………………………………………… 96

　　6.3　施　　工 …………………………………………… 99

　　6.4　监　　测 …………………………………………… 102

7　多相抽提法 …………………………………………… 104

　　7.1　一般规定 …………………………………………… 104

　　7.2　设　　计 …………………………………………… 105

　　7.3　施工与运行 ………………………………………… 109

7.4 监 测 ………………………………………………… 113

8 地下水抽提法 ………………………………………………… 116

　8.1 一般规定 ………………………………………………… 116

　8.2 设 计 ………………………………………………… 117

　8.3 施工与运行 ……………………………………………… 120

　8.4 监 测 ………………………………………………… 121

9 注入法 ………………………………………………………… 122

　9.1 一般规定 ………………………………………………… 122

　9.2 设 计 ………………………………………………… 123

　9.3 施工与运行 ……………………………………………… 126

　9.4 监 测 ………………………………………………… 127

10 隔离法 ……………………………………………………… 129

　10.1 一般规定 ……………………………………………… 129

　10.2 设 计 ……………………………………………… 131

　10.3 施 工 ……………………………………………… 137

　10.4 监 测 ……………………………………………… 139

11 安全防护 …………………………………………………… 141

12 效果检验 …………………………………………………… 147

　12.1 一般规定 ……………………………………………… 147

　12.2 施工质量检测 ………………………………………… 148

　12.3 修复效果检验 ………………………………………… 150

Contents

1 General provisions ·· 67

2 Terms ··· 72

3 Basic requirements ·· 73

4 Key points of investigation ······························ 78

    4. 1 General ·· 78

    4. 2 Investigation workload arrangement ················ 78

    4. 3 Field and laboratory test ························· 79

    4. 4 Analysis and evaluation ·························· 81

    4. 5 Report ·· 82

5 Excavation and removal method ··························· 83

    5. 1 General ·· 83

    5. 2 Retaining ··· 84

    5. 3 Excavation ··· 89

    5. 4 Backfilling ··· 91

    5. 5 Monitoring ··· 92

6 Mixing method ··· 94

    6. 1 General ·· 94

    6. 2 Design ·· 96

    6. 3 Construction ·· 99

    6. 4 Monitoring ··· 102

7 Multi-phase extraction method ···························· 104

    7. 1 General ·· 104

    7. 2 Design ·· 105

    7. 3 Construction and operation ······················ 109

7. 4　Monitoring ·· 113

8　Groundwater pumping method ··························· 116

　8. 1　General ··· 116

　8. 2　Design ·· 117

　8. 3　Construction and operation ···················· 120

　8. 4　Monitoring ····································· 121

9　Injection method ··································· 122

　9. 1　General ··· 122

　9. 2　Design ·· 123

　9. 3　Construction and operation ···················· 126

　9. 4　Monitoring ····································· 127

10　Barrier controlling method ······················ 129

　10. 1　General ·· 129

　10. 2　Design ··· 131

　10. 3　Construction ··································· 137

　10. 4　Monitoring ···································· 139

11　Safety protection ································· 141

12　Quality and effectiveness inspecting ············· 147

　12. 1　General ·· 147

　12. 2　Construction quality inspecting ··············· 148

　12. 3　Remediation effectiveness inspecting ·········· 150

1 总 则

1.0.1 根据 2014 年环境保护部和国土资源部发布的《全国土壤污染状况调查公报》,全国土壤环境状况总体不容乐观,部分地区土壤污染较重,全国土壤总的点位超标率为 16.1%。根据 2016 年《中国环境状况公报》,我国地下水质量不容乐观,国土资源部门对全国 6 124 个监测点开展了地下水水质监测,结果显示,水质较差级和极差级的监测点分别占 45.4% 和 14.7%。随着我国产业的升级改造,大量城市退役工业场地面临着转型再开发,这些场地可能存在土壤和地下水污染问题,当其转为商业或居住用地时,如事先不做修复治理而直接开发利用,则会对人体健康造成恶劣影响,甚至威胁建设工程地基基础的建设与运营安全。根据环境保护部 2014 年发布的《污染场地术语》HJ 682-2014,场地是指某一地块范围内的土壤、地下水地表水以及地块内所有构筑物、设施和生物的总和;污染场地是指"对潜在污染场地进行调查和风险评估后,确认污染危害超过人体健康或生态环境可接受风险水平的场地,又称污染地块"。在污染场地的修复治理中,对污染土和地下水的修复治理则是主要工作内容。

随着我国环境保护和生态建设意识的增强,场地污染造成的环境影响也逐步受到重视。环境保护部等四部委《关于保障工业企业场地再开发利用环境安全的通知》(环发〔2012〕140 号)要求,对污染场地进行建设开发,未经治理修复或治理修复不符合相关标准的,不得用于居民住宅、学校、幼儿园、医院、养老院等项目开发。2013 年以来,我国陆续颁布了《水污染防治行动计划》(2015)和《土壤污染防治行动计划》(2016)、《污染地块土壤环境管理办法(试行)》(2016)《关于发布〈建设用土壤环境调查评估技术指南〉的公告》(2017)等重要文件,对土壤和地下水环境治理工作提出系统要求。2019 年 1 月 1 日起《土壤污染防治法》正式实施,使我国土壤和地下水污染治理工作有了法律依据。

上海市工业发展历史悠久、门类齐全、分布广而散,地质条件特殊,工业生产对土壤和地下水环境造成的影响较为深远。据统计,上海市区可能受污染的工业场地约有 1 万余个,污染物存在浓度高、空间变异大、复合污染为主、土壤和地下水污染伴生等特点,并且场地一旦污染修复治理难度大。

根据上海市环境保护工作计划,将逐步建立并完善土壤与地下水污染源清单,探索形成适合上海特点的水土污染调查、评估及修复治理技术体系。2016 年 12 月发布了《上海市土壤污染防治行动计划实施方案》,2017 年发布了《上海市环境保护局关于加强污染地块环境保护监督管理的通知》(沪环保防〔2017〕311 号)和《上海市环境保护局关于印发〈污染地块修复方案及修复效果评估技术审核工作规程〉的通知》(沪环保防〔2017〕351 号)。2019 年以来,为适应国家《土壤污染防治法》正式实施后的新形势,上海市生态环境局等部门又发布了《〈上海市建设用地地块土壤污染状况调查、风险评估、效果评估等报告评审规定(试行)〉的通知》(沪环规〔2019〕11 号)、《上海市生态环境局关于印发〈上海市建设用地地块土壤污染调查评估、风险管控和修复工作指南(试行)〉的通知》(沪环土〔2019〕144 号)等文件。这些文件对土壤和地下水修复治理工作的开展提出了系统的工作目标和推进措施。

土和地下水污染修复治理不能简单照搬发达国家技术:美国、日本和欧洲等发达国家和地区自 20 世纪 70 年代后期开始,经过近 40 年的探索积累了丰富的修复治理技术成果和工程经验。因各国的地质与水文地质条件、污染种类存在差异,国外的相关技术标准不能简单直接地照搬,但其技术方法及相关成果与经验可供借鉴。与发达国家相比,我国在修复技术、工程化应用和设备研发等各方面均存在一定差距。因此,在充分借鉴国外成熟经验的基础上,综合考虑我国场地污染特征和现有经济发展水平、科技水平等多种因素,选择实用性较强的修复技术。

国内污染场地修复治理技术标准对工程实施的指导作用亟待加强:近年来国家对环境保护工作日益重视,各省市陆续开展了污染场地修复治理相关的科学研究和工程实践。上海自 2010 年上海世博园区土壤修复至今,已开展的污染场地修复治理工程中,所采用的修复治理方法包括挖除法、搅拌法、注入法、多相抽提法、地下水抽提法、隔离法等。为推动和规范水土污染修复治理工作,环保等政府部门陆续出台了系列法律法规和技术标准。从实践应用情况看,已颁布的相关污染水土修复治理技术标准对工程实施的指导作用亟待加强。具体包括:

1) 上海地区浅部土层具有含水量高、渗透性低等特性,地下水位浅,导致水土复合污染较为普遍,不同地质与水文地质条件下的污染物分布及迁移转化特征差异显著。鉴于此,上海地区污染土的修复治理难度大,迫切需要根据不同场地的地质与水文地质条件、污染特征采取不同的修复治理技术,且水土联合修复的技术显得十分重要。

2) 环保行业标准《污染场地土壤修复技术导则》HJ 25.4—2014,明确了对经调查评估确定污染风险超过人体健康和生态环境可接受风险水平的污染场地,需进行修复治理并达到场地修复目标,但仅对修复技术作原则性规定,缺乏具体设计与施工的细化要求,且修复治理技术以化学方法为主。

3) 从发达国家诸多成功案例以及我国开展的工程实践看,污染场地的修复与治理技术必须融合环境工程与岩土工程等专业,以切实提高污染修复治理的综合效益。鉴于污染场地应用开挖支护、原位搅拌、地下水抽提、压力注入、隔离屏障等岩土工程技术与常规建设工程有差异,需要结合相关研究成果和工程经验作出细化规定。

  4）当环境领域的污染场地修复方案不考虑后续建设工程的需要,也未与地下工程的设计方案有机结合时,易导致修复成本增加或延长工期。

  因此,本标准针对本地区地质与水文地质条件、污染特征,基于已有科研成果和工程经验,融合环境工程和岩土工程相关的技术和方法,对建设用地污染土与地下水修复治理的设计、施工、过程监测、修复治理后效果检验提出细化要求,可促进行业技术进步,填补国内相关标准的空白。其他场地可参照执行。

1.0.2 本标准属于上海市工程建设规范体系,主要适用于建设场地。本标准是上海地区各行业不同类型污染场地修复治理经验的总结,相关技术方法对于其他类型的污染场地也可参照执行。本标准不适用于放射性污染场地和致病性生物污染场地的修复治理。

  需要说明以下三方面情况:

  1）条文适用范围未提及勘察,是因为上海市已颁布《建设场地污染土勘察规范》DG/TJ 08－2233。本标准设置第 4 章"勘察要点",是为了方便设计人员提出污染场地专项勘察的技术要求。

  2）设计包括修复方案编制和修复工程的深化设计。

  3）修复治理过程中的监测和修复效果检验各有侧重:

  a. 过程监测是指在污染场地修复治理过程中所开展的相关监测,也包括修复治理过程中涉及环境保护的监测和二次污染物排放监测,以及对周围建(构)筑物的监测。

  b. 修复效果检验是由工程实施单位进行的工作,包含两部分内容:一是对经修复治理的场地内土和地下水进行环境指标检测,以确定土和地下水经过修复治理是否达到修复目标和设计要求,并评估修复效果;二是对修复治理的施工质量进行检测,检测对象包括开挖修复时支护结构体系的施工质量、回填土的压实度、承载力以及采取阻隔处置措施时隔离屏障的抗渗性等。

不同修复治理方法的过程监测要求详见本标准第5章~第10章,修复效果检验要求详见第12章。

1.0.3 本条规定了建设场地污染土与地下水修复治理工程应遵循的基本原则。掌握场地地质与水文地质条件、污染情况是开展修复治理设计与施工的前提,修复治理施工应对周边的环境敏感目标、场地内外建(构)筑物加以保护。污染土与地下水的修复需要根据既定的修复目标实施,对不同的开发利用要求和不同种类的污染物,修复目标也会有所差异。

1.0.4 本标准属于环境岩土工程交叉学科范畴,因此需要与环保、工程建设等多专业领域的技术规范相协调,其中重点协调的相关规范包括:

1) 环保领域的修复治理相关技术规范:《污染场地土壤修复技术导则》HJ 25.4、《污染地块风险管控与土壤修复效果评估技术导则》HJ 25.5、《污染地块地下水修复和风险管控技术导则》HJ 25.6、《土壤环境质量　建设用地土壤污染风险管控标准(试行)》GB 36600、《地下水质标准》GB/T 14848。

2) 环保领域的场地环境监测相关技术规范:《场地环境监测技术导则》HJ 25.2。

3) 工程建设领域的相关技术规范:上海市工程建设规范《建设场地污染土勘察规范》DG/TJ 08－2233、《基坑工程技术标准》DG/TJ 08－61、《基坑工程施工监测规程》DG/TJ 08－2001 和行业标准《建筑与市政工程地下水控制技术规范》JGJ 111 等。

2 术　语

2.0.4　挖除法一般与异位修复技术配合使用。本标准挖除法不含挖出的污染土的异位处置。

2.0.5　当采用固化稳定化、化学氧化/还原或生物处置等技术进行原位或异位污染土修复治理时,搅拌法是常用的土工处置方法。

2.0.6　多相抽提技术的应用较为灵活,可根据实际情况抽提单相、双相或多相物质。由于上海地区地下水位浅、包气带厚度小,工程实践中一般不单独开展气相抽提。

3 基本规定

3.0.1 本条规定了污染土与地下水修复治理常用的施工方法。遇下列情况可联合使用两种以上的方法：

    1) 单一方法不能满足修复治理的需要，还需要采用其他辅助性方法。

    2) 当土和地下水均要修复治理时，需要分别针对土和地下水采取不同的适用方法或联合修复方法。

    在实际工程中，为达到污染土与地下水修复目标，上述施工方法一般会与化学、生物、热处理等修复技术综合运用。

3.0.2 本条规定了污染土与地下水修复治理设计前应收集的基础性资料：

    1 根据环保管理要求，场地环境调查报告与风险评估报告需通过专家评审并在所在地环保主管部门备案，作为工程实施的有效依据。

    2 上海市地下水属于长江三角洲平原水文地质亚区，地下水类型包括潜水和承压水。其中潜水具有水位浅、与地表水体水力联系较密切等特点。上海地区浅部地层成分复杂、各向异性显著，不同区域黏性土、粉性土与砂土的地层组合复杂多样。表部存在各类填土（杂填土、素填土、冲填土等）及暗浜。20m 以浅大部分区域分布有第③，第④层淤泥质黏性土，局部浅部有较厚的第①₃或第②₃层松散粉性土及砂土层分布，部分区域第③层淤泥质粉质黏土中夹有粉性土或砂土薄层或透镜体，不同地层条件下污染物迁移规律有明显差别。因此，只有充分掌握场地及邻近区域地质与水文地质条件，才能制定针对性的地下水修复治理设计方案。

3 场地内及周围临近的建（构）筑物、地下管线等设施可能会因施工产生变形、受损，影响正常使用，甚至危及周边社会安全。近年来，各类施工活动损坏建（构）筑物、自来水管、电力管线、燃气管线等引起经济损失、人身伤害的报道屡见不鲜，对污染场地修复治理，收集上述基础信息极为必要。

4 场地与周边环境质量信息、敏感目标分布及环境保护要求一般可在经环保主管部门备案的调查与风险评估报告中获取，也可通过进一步现场踏勘、收集资料、人员访谈等途径补充完善。

5 我国污染场地修复治理起步不久，各种方法在上海地区的适用性仍待不断探索，充分借鉴本地已有的成功案例经验，是有效开展污染土与地下水修复治理的重要前提，可通过收集已经备案的修复方案或竣工资料了解相关案例或经验。

6 对已经明确开发建设方案的场地，充分结合后续开发需要，制定针对性的设计和施工方案，可节约大量投资和社会资源，也是行业发展的重要趋势。

3.0.3 本条是关于污染场地修复治理设计的总体要求：

2 对每个具体的污染场地开展修复治理，可能有多种技术方法可供选择，需要从技术适用性、经济性、工期、社会可接受程度等多方面进行综合比选，确定适用的技术方法。

3 不同修复治理技术涉及的技术参数各有差异和侧重，修复治理设计方案应结合场地条件、污染特征和选定的修复治理技术，针对性地给出相关参数的设计要求。

4 修复治理可能产生环境影响，需要从工程安全和环境安全的角度提出保护要求。对挥发性有机物污染场地进行修复治理时，应对周边环境保护提出二次污染控制措施要求；当采用挖除法时，应结合邻近建（构）筑物保护要求提出可靠的变形控制措施。

5 对修复治理过程监测要明确监测内容、监测点位布设方案、监测频率等内容。

3.0.4 本条是对药剂使用和开展实验室小试的规定。

1）为了确保修复后不产生新的污染，要求采用无毒无害或低毒低害的药剂。

2）使用药剂时，药剂的供应、运输、储存和使用需要满足相应的管理要求，对易燃、易爆、易致毒等类型的药剂，管控要求较为严格。为确保工程实施安全，一般要求所用的药剂方便采购、运输、储存和使用。

3）不同类型的污染物、不同污染物浓度、土的成分和结构等因素均会对药剂的作用效果产生不同程度的影响，因此，根据工程实践经验，本标准要求采用药剂的修复治理工程应开展小试。

3.0.5 本条对中试试验提出了要求。中试前进行过小试的，中试应根据现场条件充分考虑应用小试成果。中试成果对确定施工工艺参数具有指导作用。

1）由于场地地质和水文地质条件、污染情况千差万别，且污染土与地下水修复治理的要求高，修复治理工艺参数必须具有很强的针对性，因此，本标准对所有的修复治理方法均提出中试要求。

2）中试试验主要验证设计方案的合理性并作优化，确定具体的施工工艺参数。

3.0.6 本条规定了污染土与地下水修复治理施工前的准备工作要求。

2 上海地区的污染场地表部一般分布填土层，受人类活动影响，旧基础、废弃管线和地下结构物等地下障碍物的分布概率较高。为保障项目顺利实施，通常要在施工前探明并清除障碍物。

3 为了确保污染场地修复治理效果和修复过程安全，进场材料需要具备出厂合格证、使用说明书及其他必要的证明材料，且满足有效期要求。进场设备需要具备设备检验合格证、检修保养证明文件,确保可正常运行。

4 鉴于现场人员暴露于污染物的风险高,施工前对参与人员进行技术和安全交底极为重要,其中应重点包括施工及运输环节的环境保护和人身安全防护等相关要求,特别是对使用、运输化学试剂,运出废弃物、有害废水等人员进行安全教育,对人员及运输工具进行安全防护检查。交底过程中应做好记录。

3.0.7 本条明确了污染土与地下水修复治理施工活动应达到的基本要求。

1 污染场地修复治理过程中,需要安排专人每天记录所采用的工艺参数、完成的工程量、材料用量,并注明关键监控指标和工艺参数变更或调整等情况,遇到异常情况也应当详细记录。记录可采用文字表格、照片和视频等不同方式。

2 应根据药剂的特性,在存放和使用环节采取相应的安全防护措施,对易于产生化学反应的不同药剂尤其要注意分别存放于独立的空间。药剂进出场、出入库等环节均需要做好台账记录。

3 根据上海地区的经验,污染土与地下水修复治理工程通常需要在施工过程中及时把握动态变化情况,及时做出技术方案的调整和响应。

5 当场地的后续开发建设方案明确时,修复治理宜充分考虑未来地下空间开发、地基土的强度或变形控制等要求。

6 对场地内遗留物的清理或无害化处理,应结合其特点和物理化学性质,采取针对性的处置方法。当对遗留的坑或孔的回填有防渗要求时,一般可采用黏土球、膨润土等土工材料。

3.0.9 本条规定了污染土与地下水修复治理施工过程中的监测内容。具体的监测内容应根据工程实际情况确定,如场地不涉及挥发性或半挥发性污染物,可不进行空气质量监测,场地周边环境空旷不涉及建(构)筑物可不进行变形监测。

3.0.10 本条规定了施工过程的安全防护措施。有关安全防护和二次污染防控的要求具体见本标准第 11 章。修复治理施工应优先采用低能耗、绿色的施工技术。本质安全型的设备与材料是指不会对本场地产生次生污染，或不因其物质成分与场地内污染物产生化学反应或催化反应，引起次生污染。

4 勘察要点

4.1 一般规定

4.1.3 污染场地勘察报告与常规勘察报告相比具有特殊性,为满足设计和施工的要求,勘察需要根据修复治理的目标要求,详细查明场地的污染特征、地质与水文地质条件等;当修复后场地开发利用的需求明确时,勘察方案可根据委托要求,兼顾后续工程建设地基基础设计和施工的需要。本规定未及之处,尚应符合现行上海市工程建设规范《建设场地污染土勘察规范》DG/TJ 08—2233之要求。

4.2 勘察工作量布置

4.2.1 本条为详细查明土和地下水中污染特征,对采样点和地下水监测井布置的要求。

2 当污染物分布存在显著差异、场地分布暗浜、厚层填土或浅部土层性质变化大时,宜适当增加勘探采样点。对于暗浜边界的查明,一般可采用常规勘察手段(如小螺纹钻孔),控制其边界的孔距宜为2m~3m。

3 根据国家环境保护部在2017年发布的《建设用地土壤环境调查评估技术指南》,要求对面积小于5 000m² 的场地调查点数不少于3个,面积大于等于5 000m² 的场地不少于6个。本标准所指场地面积较小,是指面积小于5 000m²,故条文规定的5个采样点,严于环保行业的场地调查技术指南要求。

5 当前期调查或勘察已确定地下水具有明显流向时,地下水监测井宜沿地下水流向布设。

4.2.2 本条是对采样点和地下水监测井布置深度的要求。

1 上海地区浅部填土、粉性土及砂土的渗透系数较大,有利于污染物迁移,因此规定勘探采样点的深度应穿透浅部填土、粉性土及砂土,且进入稳定分布的黏性土层不宜小于2m。

3 若浅层地下水污染非常严重,且地层结构有利于污染物向深层地下水迁移时,通常需要增加1口深井至深层地下水,以评价深层地下水受影响的程度。深井建井时应采取措施避免浅部污染物向深部土层或地下水扩散。此外,在污染场地钻探、建井过程中,如措施不当,钻孔或井将成为不同深度水土交叉污染的通道,因此需采取跟管钻进或其他有效隔离措施,及时将揭露的上部土层与下部土层隔离。

4.2.3 本条是土样和地下水样品采集的基本要求。

1 鉴于污染土修复治理成本大,准确判定污染土与非污染土深度界线十分重要。故本条规定判定污染土与非污染土界线时,取样间距不宜大于1m。

3 由于轻质非水溶性有机物(LNAPL)污染主要集中在含水层的顶部,而重质非水溶性有机物(DNAPL)污染主要集中在含水层底部或不透水层顶部,故应增加相应位置的采样点,可通过定深采样器、建设丛式井等方法实现。

4.3 现场测试与室内试验

4.3.1 根据现有的科研成果及部分工程实践经验,通过测试电阻率等工程物探方法可探测重金属、有机污染土及地下水"物性指标"的异常,从而圈定污染土和地下水的分布范围。

4.3.2 工程物探包含很多种技术方法,每种物探方法应用的物理基础就是探测目标对象与周围介质间存在某一种或多种物性参数的差异。

1 由于重金属、石油烃类及有机物污染会导致土的电阻率发生变化,而电阻率法对电阻率变化特征较为敏感,因此可用于该类污染场地的测试。

2 由于石油烃类污染场地、垃圾填埋场等场地土的介电常数或电磁波衰减特征会产生变化,而地质雷达法对介电常数变化及土中的电磁波衰减特征较为敏感,因此可用于该类污染场地的测试。

3 由于重金属、有机物污染等场地的极化效应产生变化,而激发极化法对极化效应变化特征较为敏感,因此可用于该类污染场地的测试。

4.3.3 水文地质参数测定方法如表1所示。

表1 水文地质参数测定方法

测定方法		测定参数	应用范围
钻孔注水试验	常水头法	渗透系数	渗透性较强的砂土层
	变水头法	渗透系数	渗透性较弱的粉土、黏土层
抽水试验	不带观测孔抽水	渗透系数	初步测定含水层的渗透性参数
	带观测孔抽水	渗透系数、影响半径、给水度/释水系数	较准确测定含水层的各种参数
室内渗透试验	常水头试验	渗透系数	砂土
	变水头试验	渗透系数	粉土、黏性土
弥散试验	天然状态法	弥散系数	适用于黏性土、粉性土、砂土
	附加水头法		适用于渗透性较大的土层,如粉性土、砂土等
	连续注水法		适用于地下水位以下渗透性较小的土层,如粉性土、黏性土等
	脉冲注入法		适用于渗透性较小的土层,如黏性土

4.3.4 场地污染土和地下水的室内试验包括土的物理力学试验、土与水的腐蚀性试验、土和水的环境指标检测。

4.4 分析与评价

4.4.1

1～2 勘察报告的分析与评价应满足土和地下水修复的要求,需要分析评价污染物的超标情况及对环境的影响;当需要满足工程建设的要求时,尚需分析评价受污染前后土的物理力学性质的变化,以及关注土与地下水的污染对建筑材料的腐蚀性影响程度。

3 对于重大工程、复杂工程,有可能需要建立环境水文地质概念模型。

4 在提出污染土的修复治理方法建议时,应充分考虑到拟建场地的地质与水文地质条件;当需要满足工程建设的要求时,尚需充分考虑到拟建工程的地基基础方案,如场地设置地下室,场地污染土的分布深度小于基坑开挖深度时,则宜建议采用挖除法进行异地修复。

4.4.2 本标准涉及的污染场地修复治理方法包括挖除法、搅拌法、多相抽提法、地下水抽提法、注入法和隔离法。本条提出了不同修复治理方法需要分析评价的重点内容,只有针对性评价才能对场地修复治理具有实际意义。

上海地区暗浜(塘)底的淤泥以及厚层填土往往是污染物的富集地,在建议修复方法时,宜考虑暗浜区及厚层填土的污染深度和污染程度。

另外,修复治理工程施工可能会引起污染物质逸散,造成二次污染、或者可能导致周边环境变形过大等不利影响,勘察报告应提出有效的监测与防控措施建议。

4.5 成果报告

4.5.2 本条对勘察报告应提供的附图表作出规定。第 1～8 款是每个项目均要提供的图件或图表,其中第 3 款工程地质剖面图中宜标注污染的深度范围。第 9 款是开展过现场测试的工程需要提供的相关测试成果图表。

4.5.3 地下水等水位线图或地下水流场图主要采用平面图展示不同含水层水位等值线及流线情况,重点是被污染含水层的流场变化。考虑上海地区地形平坦,地下水位较为平缓,无明显的地下水上下游之分,故地下水位等水位线图或地下水流场图不强制要求每个工程提供。

另外,考虑有些项目未进行过环评、环境调查或专项检测,因此场地的环评报告、环境调查报告及专项检测报告也不是每个项目必须提供的附件。

5 挖除法

5.1 一般规定

5.1.1 污染场地修复策略包括原位修复、异位修复、污染阻隔和自然衰减等,其中异位修复模式需开挖污染土,污染土开挖应充分考虑开挖安全及开挖对周边环境的影响。上海属于典型软土地区,浅层软土自立性差,一般需要在开挖前采取有效的支护措施,相比常规基坑工程,支护结构除需满足支护体系自身安全、周边建(构)筑物安全外,还需考虑二次污染的防控,并尽量减少支护结构对后期工程建设形成障碍。污染土的开挖不仅要保证开挖过程中边坡稳定,还要根据污染土的空间分布,分块、分层开挖和分别处置,开挖过程中也应尽量避免二次污染和交叉污染。开挖后的回填材料应确保环境指标满足相关规定及设计要求,也应兼顾后期场地开发利用等技术要求。

需要说明的是:采用挖除法涉及的支护、开挖、回填三方面的要求显著不同,为方便使用,本章按"支护、开挖、回填"分别设置第 5.2~5.4 节,每节包括相应的设计和施工要求。

5.1.3 当污染土开挖深度较浅、开挖边线以外有足够的放坡空间且周边没有需要保护的建(构)筑物时,可直接放坡开挖;否则应采取必要的支护措施,保证开挖和周边建(构)筑物的安全。污染土开挖的支护形式选取应在满足工程安全可靠的前提下,结合工程特点对可能采取的支护方案进行对比、综合分析,以实现修复工程在造价、工期目标、施工能力、场地布置、二次污染和交叉污染控制、敏感目标保护等方面的综合要求。

上海地区一般采用放坡开挖、水泥土重力式围护墙和板式支护体系等支护结构。水泥土重力式围护墙支护形式采用多排水泥土搅拌桩形成坝体,水泥消耗量大,多排水泥土墙将形成大量地下障碍物,影响建设场地的后续开挖利用,因此不推荐使用。

上海属软土地区,若污染土开挖后不能及时回填、暴露时间长,需要考虑时空效应带来额外的风险。根据相关工程经验,无支撑的支护结构暴露时间不宜超过 1 年,有支撑的支护结构暴露时间不宜超过 2 年。

5.1.4 污染场地存在不同范围、不同深度其污染物类型不同、污染程度不同的情况,而不同污染物种类及污染程度的处置方式也不相同,因此在开挖过程中应根据污染物种类及污染程度、污染物的空间分布情况,分区域、分层开挖。开挖过程中应做好二次污染防控工作,不同区块间的污染土应避免交叉污染,影响修复效果。

土方回填应根据工程需要进行,一是回填材料需要满足环保要求,二是如果场地的后续工程建设对填土的压实度及承载力有要求时,应按要求进行。

5.1.5 若场地后续开发利用方案明确污染土分布范围要进行开挖,污染场地修复工程和后续建设工程宜一并考虑,以减少工程总体投入。

5.2 支 护

5.2.1 本条规定污染场地开挖支护的设计和施工,除按照现行上海市工程建设规范《基坑工程技术标准》DG/TJ 08-61 规定执行外,还需要符合本节要求,这是基于污染土具有特殊性和环境保护的相关要求。

5.2.2 本条规定了支护结构上的土、水压力计算要求:

1 土层受到污染时,其物理力学性质指标可能发生变化;不同区域污染程度可能不同,当这种变化对支护结构土压力计算影响显著时,应对土层物理力学指标分区统计,并根据统计结果分区计算土压力。

2 土压力的性质和大小与支护结构的位移方向、大小密切相关,根据支护结构与土体的位移方向和大小可区分为静止土压力、主动土压力、被动土压力及与支护结构侧向位移相应的土压力。

支护结构当污染土开挖范围位于场地内部,支护结构外侧影响范围内无需要保护对象时,支护结构的位移控制要求可适当降低,可按照支护结构侧向位移相应的土压力进行计算。

3 作用在支护结构上的水压力,需根据外侧地下水位确定,当支护结构外侧采用原位抽提等修复方法时,可根据修复过程中地下水位的设计要求确定支护结构外侧的水压力。

5.2.3 污染土开挖时,开挖范围与周边形成水头差,将引起周边地下水位降低,导致周边地表沉降,进而对周边建(构)筑物带来影响;另外,若修复时支护结构的阻隔措施效果不好,势必引起污染物的迁移,因此,支护结构需要具备良好的隔水性能,必要时设置止水帷幕。止水帷幕可采用有连续搭接的水泥土搅拌桩和高压喷射注浆等,型钢水泥土搅拌墙、小企口连接的钢板桩等也可兼起止水帷幕作用。

当污染土开挖范围临近地表水时,止水帷幕漏水失效的概率会增加,因此,止水帷幕的隔水效果应予以加强。

5.2.4 放坡开挖施工简便,而且比较经济,当开挖范围以外有足够空间且开挖影响范围内无重要保护建(构)筑物时,应优先选用。设计时应对边坡整体稳定性进行计算。

1 开挖深度不超过 7.0m 可采用放坡开挖形式是根据上海地区的施工经验所确定的,但放坡开挖深度大于 4.0m 时,为保证支护安全,必须采用多级放坡的开挖方式。由于污染土挖除过程中无坑底垫层反压,安全风险高于常规基坑工程,故放坡坡度的规定较一般的基坑工程更缓。

对多级放坡的情况,坡间平台宽度将直接关系到坡体的整体稳定性,通常下坡间平台宽度宜按大于 3.0m 设计;当放坡深度范围内分布有稍密~密实的粉土、砂土或可塑~硬塑状黏性土时,坡间平台宽度可适当减小,但一般不小于 1.5m。考虑到与基坑工程的差异,本款适当提高了对多级放坡的坡高、平台宽、坡比的要求。

2 当遇到暗浜时,由于土性差、强度低,为了提高边坡的整体稳定性,对暗浜区边坡坡比的规定进一步放缓。

3 放坡范围土体强度低、土性差时,尚应对土体进行必要的加固处理措施,但需尽量避免形成地下障碍物,可选择坡面插设槽钢、钢管、木桩等抗剪构件提高坡体整体稳定性,回填过程中可拔除回收。

5.2.5 坡顶应设置具有自防渗性能的排水沟及集水井,防止开挖范围以外的明水流入开挖区域。坡面采取护坡措施是为了防止明水渗入影响边坡的稳定性。

2 由于污染土放坡开挖边坡留置时间一般较短,为减少环境污染、避免形成障碍物,宜优先选用坡面铺设土工织物的护坡方式,土工织物具有防护、隔离、加筋等优点。土工织物搭接长度不宜小于 200mm,可选用直径不小于 6mm 的扒钉进行垂直坡面固定,土方回填时可同步移除。侧面土验收监测时,可刺穿或切割土工织物,相比喷射混凝土面层操作更为方便。若喷射混凝土面层,其厚度一般不小于 50mm,混凝土强度等级不低于 C20;面层钢筋应双向设置,钢筋直径不小于 6mm,间距不大于 250mm。

5.2.6 当边坡土体渗透性好易于产生渗透失稳或周边环境对变形控制要求高时,需要在坡顶设置止水帷幕,此时井点应设置在止水帷幕里侧。

5.2.7 当污染土开挖深度超过 7m,或开挖范围周边不具备放坡空间时,一般采用板式支护结构。板式支护分悬臂式和支护结构结合支撑两种形式,可根据设计计算、周边保护要求、开挖深度等进行技术经济对比确定。板式支护体系由围护墙、内支撑与围檩或土层锚杆以及止水帷幕等组成,其中围护墙包括地下连续墙、灌注桩排桩、型钢水泥土搅拌墙及钢板桩等结构形式。

1 板式支护体系围护墙需要按照现行上海市工程建设规范《基坑工程技术标准》DG/TJ 08－61 进行整体稳定性、抗倾覆稳定性、抗隆起稳定性、抗渗流稳定性的计算,并满足规范要求。

2 因坑内支撑不利于污染土挖除施工,故规定优先选用无内支撑的板式支护体系。

3 板式支护结构宜尽量选取能耗低、可回收的形式,如组合型钢、型钢水泥土搅拌墙等。其中组合型钢可选用拉森钢板桩、"H"型钢、钢管、槽钢等或几种的组合。当开挖深度较深,组合型钢和型钢水泥土搅拌墙支护结构不能满足自身安全或变形要求时,也可采用灌注桩支护结构。

4 泥浆护壁钻孔灌注桩施工工艺成孔过程中产生大量含污染物的泥浆,不利于环境保护,同时泥浆在孔口容易外溢产生二次污染,因此要求采用长螺旋或全套管干取土施工工艺。

5.2.8 根据污染场地调查或勘察成果,分析评估污染物对支护结构中钢材和混凝土的腐蚀性及形成二次污染物的可能性,当污染程度严重或个别修复工艺对支护结构防腐要求较高时,应采取相应的防腐措施。

5.2.10 支护体系的支撑常规有钢支撑和混凝土支撑两种,支撑的竖向支承体系有组合型钢立柱或钻孔灌注桩内插型钢格构柱两种,宜根据工程特点尽量选取可回收的钢支撑或组合型钢立柱,减少能耗,并避免产生地下障碍物。

5.2.11 当对回填材料有压实要求时,且采用板式支护结构结合内支撑的支护形式时,回填初始阶段支撑和立柱尚未拆除,回填压实将在支撑下、立柱间的空间内施工,因此压实机械应根据支撑至回填面的高度、立柱密度等实际情况选取,机械无法行走区一般采用人工夯实处理。压实施工中机械严禁碰撞立柱,防止立柱破坏引起的支撑体系失稳。

5.2.12 根据上海地区污染土异位修复的经验,污染土开挖一般较浅,因此本标准仅考虑明排水或疏干降水。如开挖深度大,则可能涉及第④$_2$层和第⑤$_2$层微承压水,尚应进行减压降水。

疏干降水常用轻型井点或管井,在开挖范围内外埋设井管,利用机械设备抽水,在井周围形成降水漏斗,降低地下水位至开挖面以下。

轻型井点指小直径抽提井,其直径一般50mm以内、井深6m以内;在地面用水平铺设的集水总管将各井点管连接起来,采用真空泵等抽提设备抽吸地下水。管井一般指直径大于100mm、井深大于6m的抽提井,常采用潜水泵或真空泵抽提地下水,当采用真空泵时又称为真空管井。

1 疏干降水的目的主要是通过降水,降低开挖土层的含水量,方便土方开挖,避免污染土中自由水的流失带来的二次污染。

2 轻型井点或管井疏干降水通常在开挖前15d~30d进行,降水效果可通过观测地下水位或降水总排水量以及其他测试手段判别。

3 一般工程中降水井采用泥浆护壁成孔工艺,施工过程中将产生大量泥浆,若采用常规方法,会使污染场地中的污染物混合至泥浆中,对二次污染防控及环境保护非常不利,因此要求采用干取土成孔工艺。

5 当井管选用钢管或工程明确要求拔除时,疏干降水设计时应考虑井管拔除工况,井管及接头的强度应满足拔除要求,井管拔除的上拔力可按现行行业标准《建筑桩基技术规范》JGJ 94计算。

6 污染地下水严禁任意排放,开挖抽出的地下水及开挖过程中汇集的水均应排至污水处置地点,处理达标后方可排放。

5.3 开 挖

5.3.2 污染场地的污染物种类与污染程度有很大差异,相应的处置方法也不同。因此,开挖前应对采用不同处置方法的污染土进行空间分块并编号。开挖时严格按照预先计划的分块和编号分别进行开挖,开挖过程中应进行过程记录和复核,复核的手段包括光离子气体检测仪(PID)或 X 射线荧光分析仪(XRF)等现场快速检测设备监测或根据污染土的颜色、气味判别等,有差异时及时调整分块并重新进行编号。不同编号的污染土运输至指定的处置地点分别堆放。

大量工程实践证明,合理确定每个开挖空间的大小、相对位置和先后顺序,严格控制每个开挖步骤的时间,减少无支撑暴露时间,是控制支护结构变形和减少开挖对周边建(构)筑物影响的有效手段。污染土的开挖除考虑不同污染物种类和污染程度因素外,还应遵循分层、分段、分块的方法确定开挖顺序,在深度范围内进行合理分层,在平面上合理分块,沿开挖边线合理分段,并确定分块开挖的先后顺序,可充分利用未开挖部分污染土的抵抗能力,有效控制土体位移,以达到减缓支护变形、保护周边保护对象的目的。

5.3.3 污染土的单日开挖量需要根据开挖能力、运输通道、暂存地的接纳能力以及单日处置能力等因素综合确定,避免出现开挖的污染土无处堆放的情况。

5.3.4 污染土开挖过程中一方面要保证开挖临时边坡的安全,另一方面也应跟踪监测和进行污染物分布的识别,因此对开挖分层的厚度作了比较严格的控制,规定分层厚度不宜大于 1.0m。开挖过程中污染土大面积暴露,特别是含有挥发性有机物的污染土,对周边敏感目标的影响应予以控制,故规定应随挖随覆盖,覆盖材料一般选用土工织物,根据污染物类型选用土工布、土工膜等覆盖材料。当涉及挥发性污染物且条件具备时,也可建设负压大棚防止污染扩散。

5.3.5 有内支撑的污染土开挖应保证支护体系的安全,同时按照空间分块进行开挖。

2 支撑系统设计未考虑施工机械作业荷载时,严禁在底部已经挖空的支撑上行走或作业。开挖和转运机械若需在支撑上行走,作业前应利用支撑施工前开槽的原位土方回填至支撑顶面以上不小于 30cm,再垫以路基箱后才具备行走和作业条件;当现场土方不足时,宜采用砂袋等代替支撑上衬垫的土方,衬垫重复利用前宜进行表面清洗。

5.3.6 污染土开挖体量大且涉及不同类型、不同污染程度污染物时,为避免开挖过程中开挖机械和转运设备交叉使用引起的交叉污染,规定不同的污染土区块分别采用不同编组的挖土和转运设备,当开挖和转运设备交叉使用时,应事先对设备进行清洗。

5.3.7 污染土场内异位修复处置方案应包括污染土暂存和处置地点的设置,暂存和处置地点应结合修复工程总平面图进行布置,并考虑修复工作量和修复工期确定暂存和处置场地的平面尺寸和处理能力。

1 污染土堆放在地表形成竖向荷载,若距离开挖边线过近,会对支护结构产生水平向压力,进而增加支护体系的投入,未考虑此因素还有可能危及支护体系的整体安全。根据类似工程经验,5 倍开挖深度范围以外的竖向荷载对支护结构的影响小,因此规定污染土暂存和处置地点距离开挖边线的距离不宜小于开挖深度的 5 倍。

2 污染土的暂存和处置地点应采取可靠的隔离及防渗措施,如铺设防渗膜、设置围堰等,以避免污染土中的污染物迁移至暂存和处置场地的土层中。

4 按照常规经验,上海地区浅层第②层粉质黏土的地基承载力特征值约 80kPa,第③层淤泥质粉质黏土的地基承载力特征值约 60kPa。污染土堆放形成的竖向荷载应小于地基土的承载能力。根据大面积堆土的工程经验,在对地基土变形无严格要求情况下,堆土高度 4.0m,地基土不会出现失稳的情况。当堆土高度超过 4.0m 时,应对暂存和处置场地进行相应的地基处理。堆土高度尚应考虑附近是否有建(构)筑物或地下设施及其保护要求。

5.3.8 为避免污染土转运过程中污染水土散落引起的二次污染,要求转运路线进行表面硬化处理,并在转运路线两侧设置排水沟和集水井,以起到收集散落的污染水土的作用,表面硬化层下宜铺设防渗膜,提高防渗能力,排水沟和集水井也需要采取防渗措施。

5.4 回 填

5.4.1 当场地污染土开挖后需要回填时,回填材料的环境指标应满足相关规范和设计要求,回填应尽量兼顾场地后期开发利用的要求,并根据需要合理确定施工流程,选择施工机械。

5.4.2 本条规定回填前应根据验收要求对开挖区域的侧壁和坑底土进行验收监测,达标后方可回填,这是为了避免污染土未全部清除的不利情况发生。当验收发现未达到清理目标要求时,需要扩大开挖范围或深度,直至验收监测合格。当需要扩大开挖范围或深度时,应对支护体系的安全性进行评估,必要时对支护体系进行加固处理。

5.4.3 回填材料可选取常规材料,如粉质黏土、砂、碎石、灰土等,也可采用土工合成材料和聚苯乙烯板块(EPS)等新型回填材料。在满足修复治理要求的前提下,应尽量选取修复并通过验收监测的土回填。采用客土或其他建筑材料作为回填材料时,除应对回填材料的环境指标进行监测外,尚应评估造成新的污染物的可能性。

5.4.5 为避免开挖及开挖所采取的措施在场地内形成地下障碍

物影响场地后续利用,支护结构的回收宜在回填完成后进行,支撑和立柱的回收宜通过计算确定回收时间,护坡宜在回填前分区域回收,降水井管宜在降水结束后或回填完成后回收。

5.5 监 测

5.5.1 污染土挖除法涉及支护结构安全、周边建(构)筑物保护、周边敏感目标保护、基坑清挖和回填、二次污染防控等多方面,工作内容复杂且对监测要求高。利用监测信息可及时掌握各方面的变化情况和发展趋势,及时应对异常情况并采取措施,做到信息化施工,防止事故发生;同时积累监测资料,验证设计方案的可行性和合理性,提高修复设计和施工的水平。

　　4 开挖过程中的废水、废气监测,包括了污染土转运和暂存场所的二次污染监测。

5.5.2 污染土开挖涉及的监测内容非常多,每个监测内容又包含了若干监测项目,监测项目的确定应分别按照各监测内容对应的规范确定监测项目。

5.5.3 支护体系所涵盖的支护结构、支撑立柱、降水井点等内容,均应参照现行上海市工程建设规范《基坑工程技术标准》DG/TJ 08－61 和《基坑工程施工监测规程》DG/TJ 08－2001 进行相应的监测,并满足设计要求。

5.5.4 本条规定了施工过程中废水、废气、废渣监测的要求:

　　1)废水监测一般执行现行国家标准《污水综合排放标准》GB 8978、《污水排入城镇下水道水质标准》GB/T 31962 和现行上海市地方标准《污水综合排放标准》DB31/199 等。

　　2)废气主要来自于开挖施工期间的扬尘颗粒物、臭气、挥发性污染物等,通常执行现行国家标准《大气污染物综合排放标准》GB 16297、现行上海市地方标准《建筑施工颗粒物控制标准》DB31/964－2016、《恶臭（异味）污染物排放标准》DB31/1025 和《大气污染物综合排放标准》DB31/933 等。

3）废渣等固体废弃物的监测则可执行现行国家标准《一般工业固体废物贮存、处置场污染控制标准》GB 18599 和《危险废物贮存污染控制标准》GB 18597 等。

5.5.5 采用板式支护形式时，由于开挖区域的侧壁无法布置监测点，支护结构以外的土和水宜按照验收监测标准提前进行监测，不满足要求时调整支护结构边线。

5.5.6 参照现行行业标准《场地环境监测技术导则》HJ 25/2－2014 中第 6.4.3 条规定的对原地异位治理修复工程措施效果的监测要求，确定回填材料每个样品代表土的体积应不超过 500m³。需要监测的环境指标可参照现行国家标准《土壤环境质量建设用地土壤污染风险管控标准（试行）》GB 36600－2018 及场地目标污染物。

5.5.7 当回填有压实要求时，压实过程中应按照相关规范进行压实度检测。如后期场地为建设工程场地时，可按照现行上海市工程建设规范《地基处理技术规范》DG/TJ 08－40 相关要求，根据回填材料的不同选取相应的检测，并根据规范要求布点。

6 搅拌法

6.1 一般规定

6.1.1 借助机械外力将药剂(含辅助材料)与污染土充分混合,通过物理、化学或生物作用,将污染物去除、稳定化或固化,其中辅助材料主要起到增加土的透气性或作为药剂载体的作用。例如,当采用生物堆等处理工艺时,添加辅助材料木屑既可作为微生物载体,同时也可增加土的透气性,显著提升微生物作用效果。

6.1.2 污染土的原位或异位搅拌各有优缺点。异位搅拌涉及污染土的挖出与运输,污染扩散风险相对较高,但其优势在于处置相对集中高效,搅拌修复效果能够得到较好的保障。因此,当场地内部或附近有异位处置场地,同时周边无敏感目标或需保护建(构)筑物分布,或当场地已明确后期规划利用设有地下室时,可选择异位搅拌法修复。

随着修复技术与装备水平的提高,近年来国内修复行业已逐渐趋向于选择原位的修复模式。原位模式可最大程度地防止污染扩散、二次污染、交叉污染,并减少对场地与周边活动人员的健康危害,但其搅拌效率与均匀性较异位模式相对偏低。当污染场地存在如下情况时,优先考虑采用原位搅拌法:

1) 涉及污染物类型为挥发性有机物、嗅阈值低的刺激性气味污染物、剧毒污染物时(当此类场地后续开发利用需挖土运至异地进行搅拌处置时,应在严格封闭的作业环境中施工)。

2) 场地周边有密集居住区、学校、养老院、医院等敏感目标时。

3）修复深度较大，或周边邻近分布重要的建筑物、管线、市政基础设施时。

　　鉴于污染土暴露在空气中堆存或处置时，容易通过呼吸吸入、皮肤接触、经口摄入等途径进入人体引起健康危害。特别是挥发性有机物具有易挥发、易扩散、易迁移的特性，人体接触后易导致累积性或急性的健康危害；嗅阈值低有刺激性气味的污染物易引起人的嗅觉不适，进而导致健康危害；剧毒物质容易引起急性中毒或致死。故当存在上述类型的污染物时，妥善的封闭措施、二次污染防控与健康防护措施十分必要。

6.1.3　污染物在地下以多相形式赋存，包括液相（水溶相、非水自由相）、气相（挥发性物质）、固相吸附等；另一方面，药剂又多以粉剂与浓缩液态为主，考虑到药剂添加、扩散及其与污染土充分接触的难易性，修复施工前通常需要进行药剂溶液的配置。因此，从药剂的配置、添加方式与添加量控制的角度，需考虑污染物相态特征、土层天然含水量、修复工艺等因素，以利于搅拌、扩散与反应的进行。

6.1.4　修复前的试验是污染场地修复工程的关键环节，试验与否及其成果的科学性与准确度，对于决定修复工程量、修复达标率与工期具有重要指导作用。小试的目的是为通过试验对比分析确定药剂种类、配比及其反应时间，提出养护方式（如添水氧化、保温养护、光照养护）等要求，是修复设计确定药剂相关参数的主要依据，故本条规定修复设计前应进行小试。考虑到实验室与现场条件的差异，影响污染物去除的因素众多，施工参数还需通过现场中试试验确定，从而优化小试的药剂设计参数，确定施工设备与工艺参数，以便于更好地指导后续施工，故本条规定正式施工前应进行中试试验。

6.1.5　根据上海地区的工程经验，污染土的分布具有斑块化、空间分布离散等特点，因污染场地调查评估阶段前期布点数量有限，不能排除漏查的可能性，尤其是修复设计方案中对于修复边界的确定通常基于插值计算与经验判断,与实际的污染分布可能会存在偏差,而从修复效果、成本及工期的角度考虑,要求对修复工程量有较为准确的估算,故需在施工前进行与工程量相关的复测复核。

污染修复多涉及工业场地的搬迁,场地浅表部通常分布厚层杂填土,杂填土成分不均匀,含有大量破碎后的建筑基础、路面等建筑材料及废弃地下构筑物、管线等障碍物,将阻碍搅拌设备的正常运转,故需在正式施工前进行场地表层杂填土的清障,清障时或异位搅拌前筛出的大粒径碎石及块石,通常采用水洗清洁后外运的方式处理,清洗废水监测水质如有超标,则需处理达标后排放。

异位搅拌前还需根据设计要求进行筛分、破碎等预处理,保障后期搅拌顺利实施。

6.1.6 同一污染场地内可能存在污染物类型、污染程度、污染土质的差异,相应的药剂种类和掺量、搅拌设备和搅拌轮次要求也各有差异,因此在实施搅拌过程中,应根据实际情况分区、分类搅拌,以提高搅拌工艺的针对性,并有效防止不同污染类型或不同污染程度的区块之间交叉污染。

6.2 设 计

6.2.1 本条规定了搅拌法的主要设计内容。搅拌法设计需要确定药剂(含辅助材料)的种类、掺入量和添加顺序,并根据拟采用的修复设备提出满足搅拌均匀要求的搅拌轮次、搅拌时间、养护时间等关键工艺设计参数。药剂(含辅助材料)的种类、养护时间可通过理论分析结合小试试验确定,并通过现场中试试验优化确定。搅拌轮次、搅拌时间和养护时间一般在初步确定的参数的基础上,结合现场中试进一步优化确定。

6.2.2 搅拌法用到的药剂通常包括氧化还原剂、固化剂、pH调节剂、表面活性剂等,这些药剂多为固态粉末或液/浆态,药剂搅拌时可以根据土的含水量、搅拌工艺特点等选择药剂加入的状态。

药剂类型可根据污染土质、含水量、药剂扩散性能、搅拌设备特点等选取。考虑到上海地区土的高含水量、非均质及低渗透性等特点,药剂扩散、与污染物充分接触并发生反应需要一定周期,故通常选择化学性质较为稳定的药剂,一则便于保存,二则能够在土中充分发挥效用,三则不易造成人身伤害。当采用封闭式搅拌设备进行异位搅拌,或在渗透性较好土层中进行原位搅拌时,可选择活性较强的药剂(如芬顿)。

6.2.3 不同污染物类型的复合污染土,其修复需结合污染物种类分别考虑药剂,但须注意添加顺序与反应条件(如 pH 值)的控制。

通常情况下,重金属污染修复常采用固化稳定化的方法降低污染物的溶出与迁移性能,故对于其他类型的污染物,一般需先于重金属污染物进行反应并去除,以保证修复效果。

原位化学氧化法采用氧化药剂(如过硫酸盐)降解有机污染物,由于过硫酸盐化学性质通常较稳定,只有活化后才能产生强氧化性的硫酸根自由基与羟基自由基,从而降解大部分石油类污染物。常用的活化方式有碱、热、金属离子等。当采用碱性活化时,激发反应在强碱性条件下才能发生,即 pH 值>10。

药剂用量不当,通常会造成土壤酸化等 pH 值异常,不但会破坏土的结构引起物理力学性质的劣化,且会对建设场地后期开发的建筑基础带来腐蚀性危害。为避免修复过程造成水土环境劣化导致后期工程建设的隐患风险,故要求修复后水土环境应控制在中性范围。

6.2.4 根据浅部土层分布的特点及现有原位搅拌设备的施工有效深度,以 3m 为界将搅拌类型划分为浅层搅拌与深层搅拌。为保证修复效果,避免漏搅,原位搅拌还重视相邻作业点位之间的有效搭接。深层搅拌点的排列及搭接方式可采用方格网、三角形等，并可通过增加搭接量、多轮搅拌等方式确保不漏搅。

浅层搅拌机械通常采用翻搅方式，这类施工操作移动能力强、单位作业面积相对较大，但精确定位性能有待加强，因此对于搭接要求较深层搅拌更加严格。而深部的搅拌设备类同于岩土工程搅拌桩施工桩机，故其搅拌的施工参数可参考现行上海市工程建设规范《地基处理技术规范》DG/TJ 08—40、《基坑工程技术标准》DG/TJ 08—61 的相关规定。

加压掺入药剂一般用于深层搅拌修复污染土，压力以注得进、散得开、量足够为基本原则，同时不应产生工程安全问题。

6.2.5 本条是针对需要采用异位搅拌的情况，规定应根据污染物的类型和污染程度选择封闭式或敞开式搅拌模式。当污染物为挥发性有机物、嗅阈值低的有刺激性气味污染物及剧毒污染物时，需进行封闭式搅拌，建设修复大棚（必要时设置负压大棚）或采用封闭式异位搅拌设备，且对施工时逸散的气体、粉尘进行收集或控制，对可能产生的含污染物废水及时收集、处置。

6.2.6 本条对异位搅拌设计的要求作了规定。

2 污染土挖出后通常需进行暂存，因污染物尚未去除，易导致污染扩散，故需单独堆存并妥善覆盖；同时为避免交叉污染，污染类型与程度存在差异的污染土应分别堆放。

3 预处理后土的粒径或团块尺寸越小、含水量越低，药剂与污染土的接触面积越大，则较易搅拌均匀，为不堵塞搅拌设备进料口，且保证较好的搅拌均匀性，筛分破碎后的土的粒径或团块尺寸一般需小于 3cm。

4 对于土和药剂的混匀，除了在设计中明确药剂掺入量、掺入方式和污染土与药剂在设备内搅拌停留时间以外，对药剂的掺入量通常还要考虑过量系数，通过适当超量的药剂以达到相对混匀的效果。

5 养护期主要取决于药剂与污染物的反应类型，如芬顿反应剧烈,养护时间就比较短,而化学性质相对稳定的药剂则需要较长的稳定时间。

6.2.7 本条对搅拌法现场中试试验作了具体规定。其中:

1 原位搅拌中试试验点可选择目标污染物类型不同处、浓度最高处、深度较深处等代表性位置,便于控制施工最不利状态。一般情况下,每个场地选择不少于 3 处,大面积或工艺复杂的场地可酌情增加。

2 异位搅拌的中试试验一般选择具有不同类型的目标污染物、最高浓度及最大污染深度等代表性位置处的污染土,挖运至异位修复场地,按照预设的药剂参数和工艺参数进行搅拌。每个代表性点位的污染土方量一般取 $1m^3 \sim 2m^3$。

6.3 施 工

6.3.1 为保证药剂按设计用量掺入,与需修复土充分接触并与污染物发生反应,搅拌施工时控制药剂掺入流量、搅拌头转速、搅拌提升速率均匀稳定是施工的关键。定时、定量则为保证药剂既不超量浪费,亦不缺少而影响修复效果。

6.3.2 本条对原位搅拌法相关设备作了具体规定。

2 浅部搅拌的特点是面积大、深度浅、修复土层均匀性差,通常会选择挖掘机、单轴短臂搅拌头等搅拌设备,这类设备的特点是移动方便,但定位功能与精度不高。因机械臂较短且垂直度不易控制,故修复深度一般在 3m 以内。深部的搅拌则需使用定位能力更好、搅拌深度更深的搅拌桩机,如单轴、双轴、多轴搅拌桩机等。

3 为保证搅得动、搅得匀,同时影响健康的危害物质不逸散、不交叉污染、不产生二次污染,相应的工程控制措施与设备必不可少,如破碎筛分铲斗、雾炮、除味剂、防尘网、土工膜、隔音罩等。药剂及其助剂一般具有较强的氧化或还原性,因此应对药剂可能接触的施工设备进行防腐处理并在使用过程中及时清洗。

6.3.3 本条对浅层翻搅式原位搅拌施工的技术要点作了规定。

1 为避免漏搅且保证搅拌效果,在修复搅拌区需基于污染类型、污染程度、平面分布位置与修复深度等特点进行区块划分。划分单点位搅拌面积基于现有施工设备的搅拌有效面积确定,常规为 $0.8m^2 \sim 2.0m^2$,过小的搅拌面积将影响进度,不宜选用。

2 浅层搅拌机械翻斗或搅拌头的单次搅拌影响深度一般在 1m 范围内,因此当修复深度较深时,需分层搅拌。

3 搅拌臂定点位搅拌时,先竖向搅拌下沉至指定修复深度后,边提升搅拌边注药至顶部为 1 个搅拌回次,污染严重时下沉过程也可同步注药或增加翻搅时间。

4 因搅拌深度较浅,故药剂添加不能采用加压方式,避免造成安全和人身伤害事故。

6.3.4 工程建设中深层搅拌是利用搅拌桩机施工成墙,从而起到挡土或止水作用。而环境修复工程搅拌的主要目的是将药剂与污染土搅拌均匀,以便充分发挥药效去除或稳定污染物。根据工程实践对比分析,岩土工程搅拌桩施工对于搅拌提升或下沉速率、垂直度、搅拌回次等工艺参数的规定能够满足污染土深层液体药剂均匀搅拌的要求,故本条规定的原位深层搅拌液体药剂施工参数是参照工程建设的搅拌桩设计施工参数。

4 为保证药剂与污染物的充分接触,原位搅拌法重点规定喷搅次数,先下沉搅拌至指定修复深度后,再边提升搅拌边注药至顶部为 1 个回次,次数越多搅拌越均匀。通常在提升的过程中注药,工程需要时也可以在下沉的过程中注药。

6.3.5 根据工程实践对比分析,深层喷射粉状药剂搅拌可参照岩土工程粉喷桩施工对于搅拌提升下沉速率、垂直度、搅拌回次等工艺参数的规定。

1 搅拌头喷粉提升速率是控制搅拌均匀性的关键参数,因粉喷工艺为"一喷一搅",相应下沉与提升速率不宜过高,按照现行上海市工程建设规范《地基处理技术规范》DG/TJ 08-40 的相关规定,搅拌头每分钟旋转不超过 5 周,每旋转一周提升高度不超过 16mm,故提升速率相应为 0.5m/min~0.8m/min。

4 除关注搅拌效果保证粉剂与污染土充分接触外,施工中还需确保药粉不喷出至地面并逸散至空气中,故在保证粉剂顺利喷出的前提下,喷射压力应有效控制,施工时需控制喷粉工况,按照现行上海市工程建设规范《地基处理技术规范》DG/TJ 08-40 的相关规定,搅拌头提升至地面下一定距离(50cm)时,喷粉机需停止喷粉。

6.3.6 异位搅拌处置场地通常选在工业区和居民集中区主导风向下风向一侧,场界距居民集中区 800m 以外,距地表水域 150m 以外,邻近周边无敏感目标分布;场地地基承载力需满足暂存堆土的要求。

1 土方暂存区分为污染土暂存区与搅拌后土方的养护/暂存区,不同功能暂存区需要分别设置,以防控交叉污染。

3 污染土的异位搅拌处置应避免对异位修复场地及其周边的原生土、地下水或地表水等环境介质造成污染,故规定相应的二次污染防控措施。

6.3.7 污染土异位搅拌设备通常有一体化搅拌机、筛分破碎搅拌铲斗、挖机、翻抛机等,不同设备的搅拌效率、效果及作业条件均有所差异。

1 一体化搅拌设备是通过喂料至旋转式筒仓内部实现污染土与药剂的封闭搅拌。依据工程实践经验,在修复效率保障的前提下搅拌时间越长则均匀性越好,预处理后土的粒径越小、含水量越低则混匀所需时间越少。

2 修复工程中常用筛分破碎搅拌斗进行异位搅拌,该类设备可以对固体材料进行筛分、破碎、曝气、混合、搅拌、分离、喂料和装载等作业,因此可将药剂预先喷洒于污染土堆表面,然后边筛分边搅拌,搅拌效率较高。

3 当采用挖机、翻抛机进行搅拌作业时,堆土高度需与设备搅拌作业的有效高度相匹配,且需反复多次搅拌方能保障搅拌均匀。依据工程经验,异位搅拌时堆土高度一般不超过 0.6m。

6.3.8 对于挖出暂存及预处理后的污染土,异位搅拌施工主要涉及加药、机械搅拌、养护、外运或回填。

1 药剂按设计总量要求,结合搅拌速率与轮次有序添加,有多种药剂时遵循设计要求依序分别添加或混合添加。

2 挥发性有机物、高毒性污染物的迁移扩散能力强,健康危害风险高,故需单独搅拌处置,以免交叉污染与污染扩散。

3 养护期间,搅拌后的土与未搅拌土应当分别堆放,同时需保持适当的设计反应条件(温度、湿度、光照、通风条件等),以保证污染物有效去除或固化稳定化效果。

4 异位修复后的清洁土通常会按设计要求原场回填或资源化利用,经固化稳定化处理后的土要求外运或做路基填料。

6.4 监 测

6.4.1 搅拌法修复过程中的物理、化学或生物作用机理复杂、影响因素众多,需要通过监测数据动态发现问题并采取针对性措施。

1 修复施工可能会使土与地下水中存在残留的目标污染物、未反应完全的药剂等成分,这将成为导致敏感人群健康危害的潜在风险源,故应监测目标污染物和残留药剂的浓度。对监测未达标的污染土和地下水需要继续修复至达到修复目标的要求。

2 环境指标的监测分析成本高、周期长,指导施工的实时性不足,搅拌过程中添加药剂或助剂通常会引起污染土含水量与pH 值等指标的变化,这些指标现场测试简单、便捷,对掌握动态、实时指导施工可发挥重要作用,故予以监测。

3 施工活动对场地周边环境影响包括噪音、扬尘、异味、废水、泥浆等,二次污染防控中应重点监测重点关注污染土清挖或原位搅拌区域、暂存/处理/待检区域,并关注可能发生的环境污染问题。

6.4.2 本条对搅拌施工的过程监测内容作了规定。

1~4 为保证较为准确的获知场地修复达标情况,过程监测应有多次、多点的针对性采样,采样对象既包括搅拌处置的污染土,也包括可能由于施工扰动及药剂使用而受到影响的地下水。工程如有需要,也可适当提高要求,加密监测点位或批次。

5 二次污染防控的重点位置亦是过程监测的重点位置,包括环境敏感点、二次污染源可能产生的位置及不同监测对象(水、气、声、渣)相应的监测标准要求的布点位置。

6.4.3 因药剂与污染物反应去除需要一定周期,同时现场修复一般工作量大、修复区块分散且多、污染类型可能不尽相同,故修复与验收一般需分批次进行,过程监测因而也多次实施。

7 多相抽提法

7.1 一般规定

7.1.1 由于上海地区地下水污染主要集中在浅层,一般情况下仅采用多相抽提法中单泵系统即可达到修复目的,因此本章仅包括单泵抽提系统的地下抽提井和地上抽提系统的设计、施工与运行等内容及要求。另外,污染物的性质和类型决定废水及废气的处理工艺,在进行系统设计时,可根据污染物特性选用相应的废水及废气处理工艺,如催化氧化、空气吹脱、活性碳吸附等,本章不包括多相抽提系统后续废水及废气处理系统的内容。如周边环境条件复杂时,可根据实际需求在场地边界设置止水帷幕,以减轻对周边环境的不利影响。

7.1.2 多相抽提法主要适用于挥发性有机污染物,其特征表现为高蒸气压和高流动性,例如石油烃类、有机溶剂类(如三氯乙烯、四氯乙烯),适用的污染物特征参数范围如下:

　　1) 饱和蒸气压:0.5mmHg~1mmHg。

　　2) 沸点:250℃~300℃。

　　3) 亨利常数:>0.01(20℃)。

　　根据已有工程经验显示,多相抽提法在渗透系数为 10^{-3} cm/s~10^{-5} cm/s、地下水位埋深大于 1.0m 时,修复效果较好。

7.1.3 多相抽提设计前通常需要通过现场中试来评估实际修复效果,并确定关键工艺参数和设备,指导后续设计和施工。对于规模较小的工程,中试试验建设的多相抽提系统可继续应用于修复施工中。

7.2 设　计

7.2.1　多相抽提系统地下部分的设计需确定的工艺参数包括：

  1）抽提井布设：根据污染范围和单井的影响半径确定，准确确定影响半径对修复效果和成本有着重要影响。

  2）抽提井结构：污染区域的深度和厚度决定井管、滤管和沉淀管的长度和深度。

  3）井头真空度：井头真空度和流体抽提率决定地上真空泵的类型和大小。

  4）流体抽提速率：即气、水和 NAPL 分别预期的抽提速率。

7.2.2　单个抽提井的水力影响面积可由影响半径(R)计算得到，土中真空影响半径由场地地层透气性、井头施加真空度等多个因素综合决定。一般情况下，单井抽提影响半径以真空影响半径为准，多相抽提井的数量可用场地污染面积除以单个抽提井的影响面积获得，再根据修复区域的实际形状及抽提井影响范围的重叠情况进行必要的修正，以确保整个污染区域均被覆盖到，具体如图 1 所示。根据上海地区的实际工程经验，单井影响半径宜根据场地地质与水文地质条件的不同在 0.75m～7.5m 之间选取，黏性土取小值，砂土取大值。根据上海地区的工程经验，针对黏性土可取 1.0m～2.0m，粉性土取 1.5m～5.0m，砂土取 3.0m～8.0m。当采取可靠的成井工艺、管壁接头采用丝扣结构和防渗处理、井口侧壁注浆或囊袋挤密等加强密闭措施时，可分别取上述建议值范围的大值。

7.2.3　若现有的监测井井管完好（有良好的密封条件且井口完好），可选用现有监测井作为抽提井开展单泵多相抽提中试试验，所需设备为一台置于地面的离心式真空泵，安装一根伸入井内的引流管，所有的地面设备可置于一个移动的小车中方便操纵。可

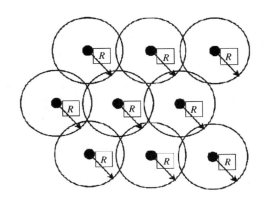

图 1 抽提井影响半径

将抽提液体暂时存储于分离罐中,待试验结束后离场进行后续处理。抽提土壤气体排放前,可使用活性炭吸附或其他方式对其进行处理。在中试过程中需要对抽提的气液抽提流量、流速、真空度以及周边地下水水位和水质变化等进行多次监测,这些参数均达到稳定状态后,方可停止中试试验。条文中规定不少于 1d,是考虑到不同土层条件稳定时间差异较大,具体实施时间以达到稳定作为标准。

7.2.4 考虑到土的非均质性,在抽提流体过程中,地层中可能会出现气体、液体流动的优先通道,因此要在抽提井为轴心的不同方向安装监测点。

7.2.5 根据上海地区的工程经验和水文地质条件,单泵型多相抽提井单井液体抽提流量通常小于 $0.05m^3/min$,直径不小于 80mm 井管基本可适用。一般情况下,PVC 材质的井管足够达到设计要求,如井内存在高浓度的液体有机物,必须考虑到井管材料和流体是否会发生反应,如果 PVC 材料会被自由相降解,需要采用不锈钢材质,但是在金属高度腐蚀性的环境中应优选 PVC 材质井管。暴露于阳光下的 PVC 管应注意防护或处理,以防紫外线照射后管体变脆。

7.2.6 引流管为嵌套在多相抽提井井管内的单独管道,设置目的为精准修复污染区域的地下水和控制地下水位的降深。

7.2.7 抽提井的过滤材料宜采用分级的石英砂(不均匀系数在1.5～2.0之间),根据上海地区含水层土的粒径情况,滤管可采用切缝式,切缝宽度宜选用 0.2mm,滤料粒径宜选用 0.3mm～0.6mm。过滤材料使用前应进行冲洗,确保不与污染物接触并防止外部杂质混入。

7.2.8 根据上海地区的实际工程经验,多相抽提法施加的井头真空度根据场地地质与水文地质条件的不同宜在 20kPa～60kPa之间选取,黏性土取较大值,砂土取较小值,宜根据现场中试试验确定最佳井头真空度。

7.2.9 根据上海地区的工程经验,多相抽提法单井气体抽提速率宜在 0.05m³/min～10m³/min 之间选取,黏性土取较小值,砂土取较大值;单井液体抽提速率宜在 0.001m³/min～0.5m³/min之间选取,黏性土取较小值,砂土取较大值;宜根据现场中试试验确定最佳单井气/液体抽提速率。

7.2.10 本条对多相抽提法采用的真空泵规格作了规定。真空泵的选型应考虑以下因素:

1) 根据上海地区水文地质条件和实际工程经验,推荐选用液环式真空泵作为系统的真空源,并根据确定的井头真空度、抽提气液流量进行选型。

2) 真空泵的选型应使操作在预期 80% 的运行时间达到泵的流速特性曲线的最佳效率点(BEP),同时在最大和最小预期流速时仍可运作,不会损害泵体。

3) 从最远的井计算管道、阀门和管件的摩擦损失,设计合理的安全系数(一般为 10%～25%),以应对将来系统的扩展、真空泄漏及其他不可预见的系统损失。

7.2.11 本条规定了多相抽提系统地上管道系统的设计要求。

1 地上管道系统包括抽提井内的引流管、相分离系统和处理系统之间的连接管道、取样管、自由相输送管道以及气/水排放管道,真空泵油/水封循环管道等。在设计多相抽提管道系统时要考虑压力和真空限制、材料兼容性等限制因素。

  2 引流管将抽提井连接至系统总管,典型的多相抽提引流管系统结构如图 2 所示,包括:压力/真空计、温度计、流体控制阀、流量计、取样孔、空气进气阀、止回阀。施加的真空和井中抽提的流量大小可通过进气口处的空气进气阀进行调节。

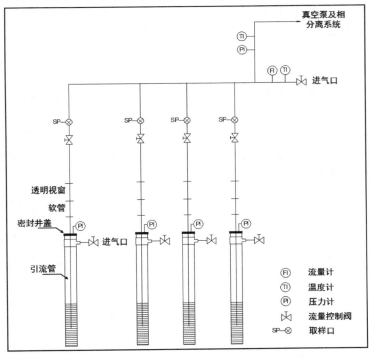

图 2　典型的多相抽提引流系统结构

7.2.12 本条对多相抽提系统的地上相分离单元设计要求作了规定。良好的相分离系统,可以减少后续废水/废气处理系统的成本,确保达标排放。单泵系统中,多相流体(气/液非水相流

体)都同时从单一的引流管泵至地面进行分离,以下为常用的各种相分离技术,可根据实际情况进行选用:

    1)气液分离:可采用配有水位控制传感器的重力式气-液分离器,安装在真空泵和抽提井之间,气液分离器的设计必须能承受真空泵产生的最大真空度。分离出的液体直接泵送至废水处理系统,分离出的气体泵送至废气处理系统,如果存在非水相流体,需在气液分离器和水处理系统间布设非水相流体-水分离器。

    2)轻质非水相液体-水分离:最常用的轻质非水相液体-水分离器为聚结板或管式油水分离器,轻质非水相液体和水的比重差异越大,分离越快速有效,轻质非水相液体流出口位于分离器的上部。

    3)重质非水相液体-水分离:重质非水相液体-水分离器的原理与轻质非水相液体-水分离器相同,即利用重质非水相液体和水之间比重的差异,让重质非水相液体在层流条件下进行分离。不同于轻质非水相液体-水分离器,重质非水相液体流出口位于分离器的底部。

7.2.13

    1   抽提液体时经常会夹带细颗粒土至地上系统中,长期累积会导致阀门堵塞,需要经常打开清洗或更换。

    2   多相抽提系统应配备液位控制传感器和警报器来启停泵系统,以防止容器内液体溢出,液位传感器应安装于适当位置来控制容器的打开和排放,并在水位过高时激活警报器。

    3   为安全起见,为了避免管路变形和设备损坏,废气、润滑液或密封液体若超过该温度应立即关停系统,并进行检查。

7.3   施工与运行

7.3.1   安装地下抽提井时可采用的钻孔方法有:螺旋钻进、空气旋转钻进等。滤料(石英砂)需布设于地下水位以下,滤料安装高度应该至少高于井筛顶部 0.6m,存贮和处理滤料时应避免对地下环境产生二次污染。真空施加后地表空气泄漏会导致污染物沿井孔纵向迁移,井的密封对于防止上述状况发生至关重要,通常可将 0.6m～1.0m 的膨润土井封置于滤料之上,每填入 15cm 厚的膨润土颗粒需投加清洁水。封闭和止水后,须及时进行洗井,洗井应充分,直至滤管及滤料水流畅通,井水中不应含有泥浆,且出水量稳定。

地下抽提井的一般结构如图 3 所示。

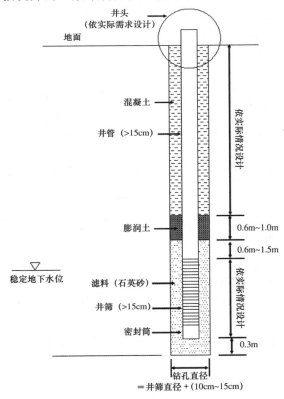

图 3　地下抽提井的一般结构

7.3.3 多相抽提井井头的一般结构如图 4 所示。

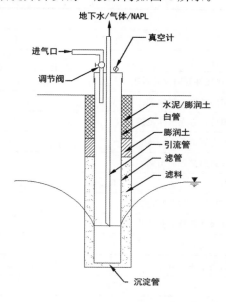

地下水/气体/NAPL

真空计

进气口

调节阀

水泥/膨润土

白管

膨润土

引流管

滤管

滤料

沉淀管

图 4 多相抽提井井头的一般结构

7.3.4 本条所指室内包括既有建筑物、临时用房、集装箱等工作空间。

7.3.5 在多相抽提系统运行之前,需针对地面以上所有的设备和管道进行检查和调试,可参照表 2 所列项目进行逐一核实:

表 2 设备调试清单

检查项目	
多相抽提井	
1	抽提井是否按照要求安装
2	井盖是否完好并有清晰标识
3	引流管是否与井盖完好连接,无漏气

续表 2

	检查项目
	管道系统
1	管道是否安装完成
2	垫圈、连接件等附件是否正确安装
3	控制阀门是否正确安装
4	所有阀门是否在操作范围内
5	管路压力测试是否完成
6	管路及阀门是否有清晰标识
	真空泵系统
1	基础、遮棚是否按要求完成
2	电机和泵体连接处是否水平
3	管路支架是否安装
4	泵密封性是否完好
	电气设备
1	接地装置是否安装
2	照明系统是否运行正常
3	隔挡、封盖设施是否到位
4	压力/真空传感器的测试及校准
5	温度表、压力表以及便携式测量仪器连接处是否安装
6	泵是否正常工作
7	高低液位传感器是否正常
8	可编程控制器(PLC),控制/报警和系统联锁功能是否正常
	其他
1	地下水处理系统的接入接出口是否正确布设
2	废气处理系统排放是否正常
3	泵的液环系统是否正常
4	废气处理系统排放是否正常

7.3.6 污水排放应达到现行国家标准《污水排入城镇下水道水质标准》GB/T 31962 中 B 级标准的要求。

7.3.7 多相抽提系统回收的非水相液体为疑似危险废物,应按现行行业标准《危险废物鉴别技术规范》HJ/T 298 对其进行鉴别,并按危险废物相关管理要求进行外运、贮存和处置。

7.3.8 废气处理设施需有控制土壤气体湿度的装置,并将相对湿度控制在 40% 以下,多相抽提系统排放的尾气应满足现行上海市地方标准《大气污染物综合排放标准》DB31/933 中大气污染物排放限值的要求。

7.3.9 系统启动阶段指的是抽提、油/水分离以及处理等各工序相互磨合的初始阶段,该阶段需有操作人员在现场进行实时监控和调试,当系统内所有设备能够连续运行 48h 以上,即可减少操作人员在现场巡视的时间和频率。

7.4 监 测

7.4.1 本条规定的系统运行过程参数应每天进行监测和记录,频率不得少于 3 次/d,如发现监控数据有任何异常,可参照表 3内容进行相应的系统调整。

表 3 多相抽提系统操作策略

常见问题	可能原因/注意事项	可能的解决方案
真空影响区域没有预测的大	土壤渗透性可能比预计的更小/土壤可能有气体优先流动途径	• 采用更大的真空度 • 减小抽提井间距 • 检查是否存在井堵塞现象 • 检查/消除气体优先流动途径 • 安装低渗透性的表面覆盖层

续表 3

常见问题	可能原因/注意事项	可能的解决方案
真空度变大,但空气流率减小	• 土壤太潮湿 • 井被堵塞	• 安装表面覆盖以减少地表水渗透 • 增加地下水降深 • 清洗抽提井
地下水没有随土壤气体一起抽提	引流管安装位置过高或过低	• 安装一根气管向抽提井中注入空气,随着更多土壤气体流动再慢慢减小通入气体流量 • 降低/提高引流管,或减小引流管直径
NAPL/水分离器持续存在乳液	不常见	• 化学或物理法破乳 • 直接废弃乳液(危废)
泵和井之间出现大的真空损失	摩擦压力损失	• 加大管径,检查是否有堵塞 • 检查管道泄漏 • 检查管道中是否有积水
地下水抽取率下降,但现场地下水降深变化不大	抽提井可能被堵塞	重新安装抽提井
NAPL 回收量比预期值小得多	NAPL 实际量比估计量小	• 增加真空度 • 转变为生物通风

7.4.2 对监测井和抽提井内的土壤有机气体监测宜采用便携式直读仪器进行检测(如手持式 PID);根据浓度监测结果和排放量可进行 NAPL、液态、气态污染物去除质量计算,作为评估和调整多相抽提系统工艺参数的依据。

7.4.3 为了评估多相抽提工艺配套废气、废水处理系统的有效性并判断修复实施过程中废气、废水是否能够达标排放,应对废气、废水处理设施的出口处污染物浓度进行日常监测。考虑到多相抽提运行初期产生的废气、废水浓度较高且负荷波动显著,而后期浓度则会显著降低且趋于平稳,因此实施期内第一个月监测频次应适当高一些,后期监测频次可适当降些。为了对整个运行周期内通过废气、废水形式排放的污染总量有一个总体把握,故规定总的监测次数不应少于 5 次。

8 地下水抽提法

8.1 一般规定

8.1.1 本条明确了地下水抽提法的适用范围。饱和带即位于地下水位以下，由土颗粒和水分组成的二相系统。位于地下水位以上的称为非饱和带（或称包气带），是土、气、水三者并存的一个复杂系统。非饱和带污染机理复杂、环境作用类型多，地下水抽提法不适用。

地下水抽提法适用于多种污染物，但不宜单独用于对污染物吸附能力强或存在非水相液体（NAPL）的含水层。

地下水抽出后的处理主要是根据污染物种类，在地表建造配套的污水处理系统，将抽出的地下水进行修复处理，本章不涉及水处理相关内容。

8.1.2 周边建（构）筑物资料指地下水抽提实施影响范围内的建（构）筑物、管线与设施相关资料，包括建（构）筑物的层数、结构形式、基础形式与埋深等，管线的类型、直径、埋深等，以及道路、隧道、防汛墙等设施资料等。在地下水抽提设计方案中，应对上述对象采取保护措施。

8.1.3 上海地区第四纪以来的松散沉积物分布具有显著的空间差异，使得不同场地土层参数存在一定的差异性，导致一个场地的地下水抽提方案在另一个场地不一定适用。通过拟修复场地内的现场中试试验，可以直观地获取该场地的抽提井出水量、降深、影响半径等，考察设计方案及施工方法、机械设备的适用性、优化施工参数，使得设计方案更加准确、合理。

8.1.4 地下水抽提会导致土体含水量降低、土层固结沉降，进而引起周边地面沉降,影响周边各类建(构)筑物、管线与设施等的安全。地下水抽提将在抽提井周围形成较大的降水漏斗,可引起较大范围内地下水间的流动,导致无污染或污染较轻区域与污染较重区域交互,引起污染扩散等不良影响。因此,采取隔离措施很必要。

设置隔离屏障可阻断修复区域内外地下水中污染物的迁移、流动,从而避免引起污染扩散和周边地面沉降等。

8.1.5 地下水抽提相关的施工及运行势必将对场地地下水位、水质及周边环境产生影响,因此应对场地内、外地下水水位、水质变化,影响范围内的建(构)筑物、管线与设施等的变形做好全程监测,通过分析监测数据能够及时发现险情,如通过抽提运行中监测地下水水位、水质的变化,可以了解抽提井抽提效果,并根据监测数据调整抽提井运行等;通过监测建(构)筑物、管线与设施等的变形,可以及早发现异常情况并采取措施,防止或减少事故发生。

8.2 设 计

8.2.1 本条规定了地下水抽提法的设计内容。其中,抽提井结构设计包括抽提井成孔孔径、井管直径、滤管结构及分布等内容,抽提井材料选型包括井管材料、井管周边滤料及封堵材料等。

8.2.2 本条借鉴了现行上海市工程建设规范《基坑工程技术标准》DG/TJ 08-61中基坑降水相关内容,结合目前常用的设备和上海地区污染场地修复治理的经验,给出了两种抽提井,并从渗透系数、修复深度、适用地层三个方面明确了适用条件。当采用其他抽提井类型时,应通过现场试验考察其适用性。

当土层为渗透系数小于 10^{-7} cm/s 的黏土、淤泥质黏土时,可以考虑采用电渗井点法,并应经过现场试验确定适用性。

地下水抽提井带真空会加速挥发性有机物的污染扩散,故不宜直接或单独应用,此类情况下宜采用多相抽提法。

8.2.3 管井底部的沉淀管为滤管下部的无孔管段,其用途是容纳经过滤层进入滤管内的砂粒和从水中析出的沉淀物等,防止滤管被沉淀物堵塞,以保证有效抽提。

8.2.4 本条规定了轻型井点抽提的设计要求,包括成孔孔径、井点管直径、滤管结构等设计要求。

  1 成孔孔径的要求是为确保井点管管周填充滤料厚度,进而保障抽提效果。考虑到成孔后孔底一般有一定厚度的沉渣,故规定成孔深度应比滤管底深,保障井点管能下放到设计深度。

  3 根据工程经验,双层滤网目数:内层滤网宜采用 60 目~80 目,外层滤网宜采用 3 目~10 目。

8.2.5 本条规定了管井抽提的设计要求,包括成孔孔径、井管外径、沉淀管长度等的设计要求。

  1 结合上海市工程实践经验,本款规定了管井井管外径及成孔孔径的最低要求。井管外径还应考虑抽水泵的尺寸,一般应大于抽水泵体最大外径 50mm 以上。

  3 考虑到抽提井有一定的运行期,故本款对沉淀管长度规定了最小要求。

  4 渗透系数较低的土层是指渗透系数 $< 1 \times 10^{-5}$ cm/s 的土层。

8.2.6 本条规定了抽提井材料的要求,包括井管及管路材料、滤料等。

  1 PE 是乙烯经聚合制得的一种热塑性树脂,UPVC 是聚氯乙烯(PVC)单体加一定的添加剂经聚合反应而制成的无定形热塑性树脂,不锈钢是具有不锈性、耐化学腐蚀的合金钢。三种材料均具有化学稳定性好、抗酸碱性能优良等特点,抽提井相关材料可优先采用。

  2 抽提井滤料粒径应根据含水层粒径确定,可参考下式算得:

$$D_{50} = (8 \sim 12) d_{50}$$

式中:D_{50}——滤料的平均粒径(mm);

　　　d_{50}——含水层土的平均粒径(mm)。

8.2.7　通过对井管周边采取密封措施,确保后续抽提运行时的真空度。结合工程经验,滤料上方封堵除采用黏土外,还可以通过井管周边覆盖密封膜等措施。

8.2.8　本条对抽提井的布设作了规定。

　　1　抽提井应布置在污染范围内,在污染程度高、污染源与污染羽中轴线上应加密。若修复进度紧,可通过增加抽提井数量加快场地地下水抽提进度。

　　2　轻型井点或管井间距是根据上海地区的实际工程经验定的,该间距基本能保证拟修复区域均在抽提影响范围内。井间距可根据场地地质条件选取,黏性土层取小值,砂土层取大值。单套井点系统总管长度的限值是结合目前常用真空设备情况提出的。

　　3　抽提区域四角位置井点宜加密,以确保角部区域也在抽提影响范围内。

　　4　支护工程涉及的护坡、围护桩、支撑和立柱等,土方开挖涉及的土方开挖顺序、机械行走路线等,隔离屏障涉及的施工位置、顺序等均会影响抽提井布设,故设计中应考虑其相互位置的关系及施工顺序,协同设计。

8.2.10　设计单井出水量、影响半径及间距是抽提设计的关键参数,需要通过现场中试试验确定。本条规定了现场试验要求。

8.2.11　真空度的高低决定着真空抽提能力,根据工程实践经验,为保障抽提效率,静态时,低渗透性土层中抽提井管内真空度宜不小于 65kPa;动态时,应能维持微负压,例如−5kPa 等,保障抽提运行。

8.3 施工与运行

8.3.1 本条对抽提井成孔施工作了规定。

1 常规成孔施工一般采用水冲法或冲洗介质护壁钻孔法,此两种方法均会产生大量泥浆,造成二次污染或交叉污染,因此要求优先采用干成孔工艺。

2 当成井地层为松散的杂填土或软弱的淤泥质土、浜土等,干取土成孔易引起塌孔、缩孔,无法完成成井施工,故该类地层轻型井点成孔施工可采用水冲法或钻孔法,管井成孔施工可采用钻孔法。

3 将冲洗介质专门收集并作无害处理以控制相关污染的扩散。

8.3.2 钻进到孔底后应及时清除孔底沉渣并立即置入井管、投放滤料及管外封闭,整个过程应一气呵成,避免留置时间过长出现塌孔、缩孔等。当采用冲洗介质护壁成孔时,应在安放井管、投放滤料前对钻孔护壁介质充分稀释至返清水 3min～5min,当护壁介质是泥浆时,可将泥浆稀释至比重不大于 1.05。

8.3.3 洗井是非常重要的环节,洗井方法不正确、搁置时间过长等,都可能导致抽提能力降低和失效。抽提管井宜采用联合洗井法:先用空压机洗井,待出水后改用活塞洗井,活塞洗井一定要将水位拉出井口,形成井喷状,要求洗井到清水,然后再用空压机洗井并清除井底存砂。

8.3.4 总管管路管径应满足所连接抽提井汲水量的排放,管径一般为 89mm～127mm。抽水设备应能满足各抽提井运行达到应有的抽提效率,集排水装置应能容纳抽提运行中的出水量。管路中通过安装真空表、流量表、水位计,可以实现抽提运行的实时监测,掌握运行情况。

8.3.5 试运行是对抽提效果以及电力系统(包括备用电源)、各管路、水泵、集排水装置、量测装置等进行一次全面检验,并可以确定相互间的匹配程度。如降深或出水量不能满足设计要求时,可采取调整真空度、优化真空泵和管路设置等措施。

8.3.6 污水排放应满足现行上海市地方标准《污水综合排放标准》DB31/199 的要求。

8.3.7 冬季负温环境下做好管路、设备的保温、维护工作,避免抽提系统因冰冻被损害而失效。

8.3.8 对已使用完成的抽提井的处理主要为了避免其成为地下障碍物,避免影响场地后续的使用。

8.4 监 测

8.4.1 地下水抽提监测对象主要为目标污染物浓度、地下水位、总抽出水量等指标和周边影响范围内的建(构)筑物、管线与设施的变形。通过监测可以及时了解抽提效果,针对性调整后续运行。

8.4.2 对场地污染物浓度、地下水位等初始值进行测定,一方面复核前期场地调查结果,另一方面作为抽提效果评判的基础数据。

8.4.4 本条规定了地下水抽提运行中的监测频次要求,监测频次除符合本条规定外,另可根据工程实际实施状况和监测数据变化趋势调整。

8.4.5 现行上海市工程建设规范《基坑工程技术标准》DG/TJ 08－61 和《基坑工程施工监测规程》DG/TJ 08－2001 规定了监测相关要求,包括监测点布设、监测频率等,是上海地区的经验总结,应参照执行。

8.4.6 巡检应由有经验的人员负责,主要以目测为主,辅以简单的工具,观察抽提各相关情况并做好记录。巡检可以弥补仪器监测的不足,帮助分析判断监测数据,及时发现异常及预警,避免或减少工程事故发生。一般要求每天至少早、晚各巡检 1 次,必要时应增加巡检次数。

9 注入法

9.1 一般规定

9.1.1 气态药剂的注入在修复实践中的应用较为有限,其注入设计和施工的特点和要求也有别于液态或浆态药剂的注入,因此本章不适用于气态药剂的注入。液态或浆态药剂注入包括垂直注入和水平注入两种方法,由于水平注入在上海地区鲜有应用,尚缺乏成熟经验,本标准暂不考虑。考虑到注入地下的液态或浆态药剂在包气带中进一步有效迁移扩散较为困难,药剂作用范围有较大的不确定性,因此针对包气带污染土的修复要慎重使用。

9.1.2 注射药剂的类型与场地污染特征和修复工艺密切相关,如重金属污染场地会选择稳定化修复工艺,注射药剂时选用稳定剂;六价铬污染场地选择还原修复工艺,注射药剂时选用还原剂;难生物降解的有机污染物通常会选择氧化修复工艺,注射药剂时选用氧化剂;可生物降解的有机污染物可选择生物修复工艺,注射药剂时选用生物激活剂等。此外,场地地质和水文地质条件以及地球化学特性对药剂的选择也至关重要,如在渗透性较好的粉性土、砂土含水层中,原位化学氧化修复注射的氧化剂可选择作用持续时间较短的芬顿试剂,而在渗透性较差的黏性土层中,原位化学氧化修复注射的氧化剂则应选择作用持续时间较长的高锰酸盐或过硫酸盐氧化剂;对于既可以采用氧化药剂修复,又可以采用还原药剂修复的污染物,在还原性的地下环境中优先选用还原类药剂,而在氧化性的地水环境中则优先选用氧化类药剂。考虑到药剂在注入法施工过程中可能产生二次污染或者造成操作人员的伤害,因此在满足修复效果的前提下应选用无毒无害或者低毒低害、安全可靠的化学试剂。

9.1.3 注入地下的药剂能与场地目标污染物发生作用并使其含量降低或者将其转化为无害物质，这是注入法修复成功的前提。因此本条规定在注入法设计前应通过实验室小试来评估药剂加入后土或地下水中目标污染物的去除情况、注入药剂的消耗情况以及修复过程中间产物或副产物的产生情况，以帮助评估注入法修复的可行性，筛选出有效的药剂种类并初步确定其投加量，以指导后续注入法的设计。同时还应进行现场中试试验来核实现场实施的修复效果并帮助确定设计参数、施工参数及施工工艺和施工设备。

9.2 设 计

9.2.1 药剂用量、注射轮数、注射点位布设间距、注射点位数、单点注射体积、药剂配置浓度、注射流量等参数均应在注入法设计时予以确定。注射点位布设间距可由注射影响半径确定，以确保整个修复区域均在药剂注射的影响范围之内。注射压力会随注射流量的增加而提高。当药剂供应商对药剂用量、配置浓度等提出建议时，在设计时可予以参考。

9.2.2 不同的修复工艺其对应的所需药剂量的计算方法不尽相同，如原位化学氧化或还原工艺的所需药剂量可以通过药剂与污染物化学反应方程的化学计量学计算结果加上土/地下水基质消耗药剂量，再乘上过量系数计算获得，过量系数一般根据工程经验取值；原位生物修复工艺的所需药剂量则更多是依赖于相关经验参数直接确定。考虑到原位修复的复杂性，在确定了计算所需药剂量后还需要通过实验室小试和现场中试对药剂投加量进行验证，并根据试验结果作必要的修正。用确定的总药剂量除以计划的注射轮数即可获得每轮需要注射的药剂量。

9.2.3 单个注射点的影响面积可由影响半径(R)计算得到，初步的注射点数量可用场地污染面积除以单个注射点的影响面积获得,再根据修复区域的实际形状及各个注射点影响范围的重叠情况进行必要的修正,以确保整个污染区域均被各个注射点的影响范围覆盖到,具体如图 5 所示。根据上海地区的实际工程经验,结合"Wilson,S.,D. Clexton,C. Sandefur,et al. Technical Report:Subsurface Injection of In Situ Remedial Reagents(IS-RRs) within the Los Angeles Regional Water Quality Control Board Jurisdiction. In Situ Remediation Reagents Injection Working Group,46 pp,2009"中的文献报道,注射影响半径宜根据场地地质和水文地质条件的不同在 0.75m～7.5m 之间选取,黏性土取小值,砂土取大值。根据上海地区的实际工程经验,对黏性土取 0.75m～1.5m,粉性土取 1.2m～4.0m,砂土取 2.5m～7.0m,在采取可靠的封堵措施条件下,可取大值。

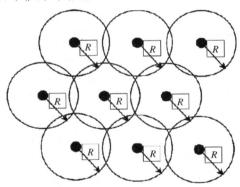

图 5 注射点影响半径及影响范围重叠示意图

9.2.4 根据上海地区的实际工程经验,单个注射点注射的药剂体积宜在注射点影响范围内的地层总孔隙体积的 5%～35% 范围内选取,黏性土取小值,砂土取大值。药剂配置浓度可根据每轮需要注射的药剂量除以注射点位数再除以单个注射点的注射体积确定。

9.2.5 注射压力会随着注射流量的增加而增加,为了防止药剂注射过程中地下压力过大而产生冒浆问题,需要控制注射的流量和压力,一般注射深度越浅,产生冒浆的可能就越大。本条文根据上海地区的实际工程经验,针对不同注入深度规定了对应的注射流量。

9.2.6 由于注入法修复带有较强的经验性,其修复的效果不仅与选择的药剂及设计参数有关,还与场地地质与水文地质条件密切相关,因此应进行现场中试试验以校核,并根据需要调整相关设计参数,包括注射影响半径和注射点数、单点注射药剂量和注射浓度、单点注射流量和注射点处压力等。

对于地质与水文地质条件复杂或污染程度空间分布差异较大的场地,注入法的中试试验宜设置多个注射点。为了防止污染的地下水往下游迁移而影响药剂注入的修复效果监控,中试时注射点宜分布于整个污染羽内靠近地下水上游的方向处。

9.2.7 场地污染物或者注射药剂可能会对注入系统的设备仪表及管材管件有腐蚀作用,因此相关材质需要与污染物或药剂的性质相容,并根据污染物或药剂的性质选用相应的防腐措施。注射系统应配备流量调节阀、压力表和流量计等必要的仪表,注射过程中可根据压力表和流量计读数通过流量调节阀来调节注射压力和流量。

9.2.8 为了实际注射施工的方便,当采用单个药剂搅拌桶时,桶的有效容积宜不小于一个注射点的注射体积,以便于一个注射点的注入施工在仅配备一个药剂搅拌桶的情况下也能一次完成。药剂搅拌桶内配备有搅拌器,安全起见,搅拌桶上面宜设盖或者防护网,并设 10cm 以上的超高,以防止搅拌过程中药剂溢出桶外。药剂配置过程中搅拌器的转速以 30r/min～60r/min 为宜,故规定搅拌器额定转速不小于 60r/min,如有转速调节装置可根据需要调节搅拌器转速。

9.2.9 浆态或者黏度较大的药剂容易堵塞注射井的筛孔或者筛

缝,因此宜采用注射杆直接推进方式注射。土层明显不均匀的场地,如果采用注射井注射易导致药剂在地下分布不均匀,故宜采用注射杆直接推进方式注射。注射井可允许药剂多轮重复注射。

注射杆直接推进注射形式适用于注射压力较大($>0.5MPa$)的情形,通常可配备柱塞泵注射,注射深度间隔宜取 $0.3m\sim1m$,间隔越小,药剂在地下分布会越均匀。注射井注射形式适用于注射压力较小($<0.5MPa$)的情形,通常可配备隔膜泵或者螺杆泵注射,注射井筛缝或者筛孔范围应该覆盖整个污染深度,井管周边石英砂滤料应上覆不少于 0.6m 的膨润土密封层以防止注射过程中的冒浆。当场地上现有的抽提井能满足注射井的设计要求时,可改作注射井使用。

9.2.10 隔膜泵、柱塞泵或者螺杆泵是注射系统经常配备的注射泵,通常注射压力要求较高时配置柱塞泵,注射压力要求较低时配置隔膜泵或者螺杆泵。一个注射泵通过管道连接多个注射点时需要通过阀门调节每个注射点的注射流量或者药剂注射量尽量保持一致。

9.3 施工与运行

9.3.1 一般情况下出于施工方便的考虑,注射井竖直方向安装,注射杆竖直方向推进。对于竖直方向注射实施受场地条件限制或者不经济的情况下,可以考虑斜向或者横向安装或施工。

9.3.2 注射开始前进行系统密封试验可以防止药剂注射时系统泄漏而造成的安全事故或二次污染事故,一般采用清水开展系统密封试验。

9.3.4 对于一些特殊的注射药剂应采用经特殊处理的水配置,如表面活性剂应采用软化水配置,零价铁等强还原性的药剂应采用除氧水配置。在场地自来水供应受限的情况下可考虑提取地下水或者清洁的地表水进行药剂配置。

9.3.5 每个注射点位注射一经开始后不宜长时间中断,以便注射的药剂在地下能达到预设的影响范围。出于安全、系统防腐以及防止管路堵塞的考虑,每天注射完成后宜用清水清洗整个注射系统。对于物理或化学性质不稳定的注射液,应在配置当天完成注射。

9.3.6 为了防止经配置的浆体于搅拌桶内发生沉淀,在注射过程中应保持对浆体的缓慢搅拌。为了防止配置好的药剂中存在未分散开来的固体药剂或杂质损坏注射泵,配置好的药剂在泵送注射前宜经筛网过滤。

9.3.7 注射杆下压过程应尽量避免与注射杆设计推进方向垂直方位的扰动,从而在土层与注射杆间形成空隙,并造成注射过程的冒浆。

9.3.8 注射杆在注射完成后的一段时间内还会在注射杆附近积聚一定的压力,注射完成后直接上拔注射杆可能会造成冒浆,因此需要在注射完成至少 24h 之后等注射杆附近积聚的压力充分释放后再上拔注射杆。

9.3.9 注射过程中地下连通地面的通道需要及时封堵,以防止注射过程中的冒浆。

9.3.10 在气温过高或者过低的恶劣天气条件下进行注入施工时均需做好相应的防护措施,以防止药剂和注入系统失效。

9.3.11 冒浆是注射过程经常遇到的问题,一旦发现冒浆问题需要采取相关措施防止继续冒浆。

9.4 监 测

9.4.1 每个注射点的注射压力、流量和累计注射药剂量记录数据有助于分析注射流量和注射压力间的关系,核实各个注射点的实际注药情况,当某个注射点附近修复效果较差时便于追溯原因。

9.4.2 需要在场地污染深度范围内布设土的采样点和地下水监测井以监控注入修复效果。

    1 工程需要时主要指的是下列情况：单个污染羽污染面积大于 5 000m²，地质与水文地质条件复杂的场地，或污染程度空间分布差异较大的场地。

    2 为了监控注入法在整个污染区域的修复效果，监控点一般分布在注射点周边不同方位、不同距离处，并至少在地下水下游方向布设 1 个监控点。

    4 由于监测井与注射井的设置要求不尽相同，注射了药剂的井周边药剂浓度也相对较高，取样监测不具有代表性，因此规定监测井与注射井不应混用。

9.4.3 注入施工需要监测的其他指标有总有机碳、碱度、溶解氧、铁、氯离子、硫酸根、硝酸根、溶解性总固体、二氧化碳、甲烷等，可根据具体的修复工艺选择。

9.4.4 注入施工期间的日常巡检有助于及时发现泄漏、失压、冒浆、堵塞等注入异常情况，以便及时解决发生的问题。光离子化检测仪等便携式仪器的使用有助于及时发现注射过程的有机土壤气体外溢引起的环境或安全问题。

10 隔离法

10.1 一般规定

10.1.1 本条规定了隔离法的适用范围,包括隔离屏障的设计、施工和监测。隔离法在国内外已有许多应用案例。需要说明的是:

1) 本章所指的隔离屏障适用于场地污染物的长期阻隔控制,当用于污染场地修复工程临时隔离或兼为开挖提供支护时,可参照执行。

2) 工程建设领域用作基坑围护的支护体,其重要功能是保持围护体系的力学平衡并有止水帷幕的作用;在污染场地设置隔离屏障的主要目的是阻断土、地下水介质中污染物的迁移途径,使污染介质与周围环境隔离,从而避免或降低对人体和周围环境造成危害。因此,污染场地隔离屏障设计需要考虑的内容与常规的基坑支护结构不同。

10.1.2 从工程实践看,隔离屏障主要包括垂直屏障和水平屏障两种类型。垂直隔离屏障一般用于隔离土体和地下水中污染物的水平向迁移或阻断地下水渗流;水平隔离屏障则用于阻断污染物的垂直向迁移。工程中可根据需要选择其中一种或两种类型屏障的组合。本条列出了永久性隔离屏障常用的材料或材料组合,其中:

1) 塑性混凝土是一种水泥、膨润土和黏土等材料加水混合搅拌形成的大流动性混凝土,其中水泥掺量较低,膨润土和黏土掺量较高,具有低强度、低弹模和大应变等特性,可用于形成防渗性能良好的垂直隔离屏障,在环境治理领域得到较为广泛的应用。

2）土工膜、钠基膨润土防水毯衬垫等材料可单独用作临时隔离屏障。实际应用中可根据工程需要选用。

3）工程实践经验表明,单独使用黏土材料作为垂直隔离屏障,防渗性能难以确保,且技术经济性不佳。

4）由于土工膜易于受尖锐物品刺穿或损伤,保护难度较大,故当土工膜用于永久性水平隔离屏障时应与其他材料组合使用。

10.1.3　本条规定了隔离屏障设计的基本原则。不同类型的屏障(垂直隔离或水平隔离、长期隔离还是临时隔离)其使用功能不同,需要进行针对性的设计。为满足设计服役性能要求,隔离屏障需要具备一定抗渗性能,以及匹配服役年限和该渗透性条件下的厚度。

因隔离屏障设计不考虑对污染土或地下水中污染物含量的去除,也不涉及固化或稳定化处置,因此设计中不要求进行小试。鉴于垂直隔离屏障为隐蔽工程,施工工艺对施工质量的影响显著,且屏障的施工质量对实现隔污防渗设计要求尤为重要,故本条规定应通过现场中试确定最终的施工工艺和设备,并宜根据中试反馈成果对设计方案进行优化。

10.1.4　现行上海市工程建设规范《基坑工程技术标准》DG/TJ 08－61对不同支护类型的基坑工程设计、施工要求进行了具体规定。本标准第5章则根据污染场地开挖与支护的特点,提出相关的要求。

10.1.5　根据上海地区的地质与水文地质条件特征,在隔离屏障施工期间和服役期内,场地内污染物迁移和地下水渗流路径被阻断,导致屏障内外的地下水位产生差异,并使污染物的迁移得到控制。对受影响范围内的土水相关污染因子、地下水位进行检测,可直观判断隔离屏障的服役状态和阻隔效果。此外,需要关

注下列情况,并根据要求开展监测:

    1)在隔离屏障施工过程中,邻近的建构筑物可能会因施工活动造成不均匀变形等不利影响,从而影响其正常使用功能或安全性,故应参考建设工程有关监测要求对保护对象进行变形监测。

    2)当场地临近范围内有地表水分布时,应充分考虑污染物迁移对地表水产生污染的可能性。

10.2 设 计

10.2.1 本条规定了隔离屏障设计的基本要求,在以下情况下需要适当提高屏障技术要求:

    1)当目标污染物浓度较高时,污染物由高浓度区域向低浓度区域扩散的潜势也较高,隔离屏障性能需要适当提高。

    2)当目标污染物分布于具有大孔隙通道的杂填土层、粉性土、砂土等渗透性较好的土层中时,污染物易于迁移,周边水土环境受到污染的潜在风险较高,对隔离屏障的隔污和防渗性能要求也相应提高。

    3)当污染场地临近环境对目标污染物影响敏感、保护要求较高时,也需要提高对隔离屏障服役性能的要求。

    基于上述情况,设计需要提高要求的程度,本标准难以作出统一规定,环境工程师宜视具体情况确定。

10.2.2 本条规定了隔离屏障选型应考虑的因素,如根据使用功能的不同可分为垂直隔离屏障和水平隔离屏障;根据服役时间的不同可分为永久性隔离屏障和临时屏障;隔离屏障选型还应满足不同污染物的特征和浓度阻隔的要求。

10.2.3 隔离屏障的材料应能保证建成后的屏障具有良好的隔污、防渗性能。综合上海地区在污染场地隔离处置、垃圾填埋场建设等方面的经验,常用的材料主要包括水泥、黏土、膨润土、聚乙烯防渗土工膜(LLDPE,HDPE)和钠基膨润土防水毯(GCL)等。另外,工程中也通常根据实际需要使用土工复合排水网和土工布等辅助材料。其中:

    1) 聚乙烯防渗土工膜(LLDPE,HDPE)应符合现行国家标准《非织造复合土工膜》GB/T 17642、《聚乙烯土工膜》GB/T 17643、《土工合成材料应用技术规范》GB 50290 和现行行业标准《聚乙烯(PE)土工膜防渗工程技术规范》SL/T 231 的相关规定。当隔离处置后膜体受拉变形较大时,可选用拉伸性能更好的 LLDPE 膜。

    2) 钠基膨润土防水毯(GCL)材料通常按照现行行业标准《钠基膨润土防水毯》JG/T 193 选用,其单位面积质量不低于 $4000g/m^2$,渗透系数小于等于 $5×10^{-9}cm/s$。

    3) 土工布可用作 HDPE 膜、GCL 和土工复合排水网保护层,或作为平面排水通道,一般选用具有良好的耐久、保土、透水和防堵性能的无纺土工布。

    4) 土工复合排水网材料可用作地下水导排层、地表水导排层或气体收集导排层,要求具有良好的排水性能和耐久性能。

10.2.4 污染物迁移沿迁移路径到达隔离屏障内侧时,在水头差引起的渗透作用和浓度差引起的扩散作用下,向屏障体内迁移。因此,隔离屏障应具备良好的防渗和隔污性能,确保屏障在服役期内不超过控制标准。结合常用的屏障材料类型、前期研究成果和工程经验,本标准提出了屏障渗透系数和污染物有效扩散系数的控制性指标。当遇到屏障内外水头差显著或污染物所在土层渗透性好等情况时,应适当提高屏障的抗渗性。必要时可适当掺入膨润土、减水剂、早强剂等外加剂或掺和剂,改善隔离屏障的抗渗性或强度。所加入的外加剂或掺和剂数量应通过室内配比小试或现场中试确定。当有足够工程经验时,也可按经验确定。

10.2.5 本条是对垂直隔离屏障深度的基本要求。根据上海地区地质与水文地质条件及大量污染场地调查的工程实践,土体和地下水污染深度绝大部分在 6m 以浅范围,对于第②层褐黄色粉质黏土层缺失且分布有第②₃层或第③ₓ层粉性土地层,最大污染深度可达 6m～8m,极端情况下可达 15m～18m。

上海地区浅部第②层褐黄色粉质黏土层、第④层淤泥质黏土层,第⑤₁层黏土层,以及中部第⑥层粉质黏土层,均为良好的隔水层,是污染隔离的天然水平屏障。若场地内上述土层分布稳定且厚度大于 2m 时,可作为垂直隔离屏障的嵌入层(第②层土埋藏浅除外)。若场地不具备上述有利条件,设计也可选择悬挂式屏障,屏障插入深度应大于临界插入深度。临界插入深度可通过污染物渗流-扩散分析确定,并考虑适当的安全余量。

10.2.6 本条规定了垂直隔离屏障厚度的设计要求。根据本地区工程经验,参考现行行业标准《生活垃圾卫生填埋场岩土工程技术规范》CJJ 176,永久性隔离屏障的服役期可取 50 年,屏障外侧击穿浓度标准可取屏障内侧污染物浓度的 10% 与风险控制值之间的小值。

水泥土墙和塑性混凝土墙一般分别采用水泥土搅拌和成槽灌注等工艺施工,由于施工搭接、垂直度控制和成槽不均匀等因素影响,屏障体的厚度也不均匀,宜以屏障施工后的最小厚度作为有效厚度。

此外,综合考虑目前施工工艺、屏障服役期等因素,本条规定了垂直屏障的最小有效厚度不能小于 300mm。

10.2.7 当采用水泥搅拌工艺时,垂直隔离屏障的防渗性能取决于两个方面,一是构成屏障的桩体拼接处的防渗性能,二是桩体材料本身的渗透性。前者可通过完善桩体搭接设计或施工工艺提高整体性。后者则取决于水泥及膨润土等材料的掺入量以及搅拌后的均匀性。

1 搅拌桩搭接尺寸应综合考虑施工设备性能、搅拌桩直径、土性、污染程度等因素确定,对污染特别严重的,宜根据污染迁移扩散计算结果和服役年限的要求,适当加大桩径和搭接尺寸,必要时可设 2 排或多排搅拌桩墙,相邻两排之间应按规定尺寸搭接。搭接尺寸应满足搭接处屏障的有效厚度不小于屏障设计厚度。综合考虑隔离屏障的服役性能要求,本标准的搭接尺寸要求严于常规的岩土工程隔离帷幕,可按表 4 建议值选用搭接尺寸,严重污染情况下可取大值。

表 4 搭接尺寸建议值

桩径(mm)			土性		
300	600	700	黏土	粉土	砂土
50~100	100~200	200~300	100~200	150~250	200~300

2 添加膨润土控制水泥土的离析、提高抗渗性能和搅拌均匀性。根据上海地区的工程经验,本款对膨润土的目数、不同土层中的掺量作了规定。

3 根据上海地区的实际工程经验,采用水泥土作为隔离屏障材料时,双轴搅拌工艺掺入量一般不低于 13%,三轴搅拌工艺掺入量一般不低于 20%,可满足隔离屏障抗渗性能要求;暗浜区域通常具有含水量高、有机质含量高、成分复杂等特点,水泥土的抗渗性会受到一定影响,故规定施工中宜通过适当提高水泥掺入量和提高搅拌均匀性等措施,保障屏障达到设计要求。

10.2.8 由于旋喷施工质量控制难度较大,为确保旋喷注浆工艺形成垂直屏障满足使用功能要求,要求旋喷形成的水泥土桩径一般不小于 600mm。同时考虑屏障有效厚度控制要求,故对搭接长度提出较严格的要求。

当采用旋喷注浆工艺时,垂直隔离屏障的防渗性能也同样与水泥掺量密切相关。由于旋喷过程中注浆压力大、注浆量大,同时为确保旋喷搅拌的均匀性,故适当提高水泥掺量。

10.2.10 本条规定了土工膜材料用于长期服役垂直隔离屏障的

使用条件。由于土工膜厚度小、易受穿刺损伤，故单独用于长期服役垂直隔离屏障时风险较高。但因其具有良好的抗渗性能和延展性，故与黏土、膨润土或塑性混凝土等材料联合使用有利于提升屏障的隔污、防渗性能，可作为良好的辅助措施。与其他材料联合使用时，仍要求垂直屏障满足最小有效厚度要求。同时，为确保搭接效果，本条又对相邻膜幅搭接提出了要求。

10.2.11 本条规定了水平隔离屏障设计内容和要求。其中在以下情况下需要考虑设置地表水、地下水或气体的导排、收集和处理系统：

1）在挥发性或半挥发性污染场地的表部设置水平隔离屏障时，尤其是在非饱和带厚度大的情况下，应关注地下水位以上的非饱和带内可能积聚气相污染物及造成环境风险的可能性。水平隔离屏障应考虑必要的气压导排释放和收集处理系统。

2）当场地设置大面积水平隔离屏障后，需要考虑地表降雨入渗的收集和排放系统。

3）根据上海地区的地质与水文地质条件，若设置隔离屏障后地表标高抬高，则屏障下的地下水位可能在毛细作用下也相应抬升，会对屏障的正常服役造成不利影响，也需要考虑适当的地下水导排和处理系统。

10.2.12 压实黏土层可单独用作水平屏障，也可与其他材料形成组合屏障。为使压实黏土达到阻断污染物扩散的功能要求，本条规定了黏土材料的主要性能指标和最小厚度。

10.2.13 根据污染场地的特点及隔离处置工程的目的，结合本标准编制组收集到的工程案例，本条规定了长期服役的水平隔离屏障的设计要求。

1 现行国家标准《生活垃圾卫生填埋处理技术规范》GB 50869、现行行业标准《生活垃圾卫生填埋场封场技术规程》CJJ 112 中，针对填埋场封场覆盖系统的防渗层规定了单层防渗层和复合防渗层。单

层防渗层主要是采用压实黏土,复合防渗层则包括土工膜和压实黏土或土工聚合黏土衬垫(GCL)组成。其中:

  1)复合防渗层的压实黏土厚度应为 20cm~30cm;

  2)土工膜选用厚度不小于 1mm 的高密度聚乙烯膜(HDPE)或线性低密度聚乙烯土工膜(LLDPE),渗透系数应小于 10^{-10}cm/s,土工膜上下表面应设土工布;

  3)土工聚合黏土衬垫(GCL)厚度应大于 5mm,渗透系数应小于 10^{-10}cm/s。

2 土工合成材料的设计需要重点考虑合理布局每片材料的位置、摊铺方向,错峰搭接并尽可能减少接缝数量,由于弯角、边坡等部位受力较为集中,接缝应尽量避开,特别是在坡度大于10%的坡面上和坡脚向隔离区域内 1.5m 范围内应避免出现水平接缝,以防被拉裂。

各种土工合成材料的搭接方式和搭接宽度可参考表 5。

表 5 土工合成材料搭接宽度

材料	搭接方式	搭接宽度(mm)
非织造土工布	缝合连接	75±15
	热粘连接	75±15
土工膜	热熔焊接	200±25
	挤出焊接	100±20
GCL	自然搭接	250±50
土工复合排水网	土工网要求捆扎 上层土工布要求缝合 下层土工布要求搭接	75±15

10.2.14 场地排水系统应满足雨水设计流量排泄的要求。

10.2.15 本条规定了有附加荷载作用时隔离屏障的设计要求:

  1)垂直隔离屏障顶部承受附加荷载作用时屏障内会产生附加应力,设计应确保在附加应力作用下垂直隔离屏障不会出现强度损坏,且不影响屏障正常服役性能。

2）上海地区浅部易污染的土层通常具有含水量高、孔隙比大、压缩性高等特点,在大面积堆土附加荷载作用下,土体压缩变形显著。根据工程经验,当附加荷载作用达到30kPa 以上时,土体将产生可观的压缩变形,并对场地临近范围造成差异变形等不利影响。为此,针对新增水平屏障及以上覆盖层附加荷载大于 30kPa 时,应参照岩土工程领域的设计计算方法,分析大面积荷载的不利影响。

10.3 施 工

10.3.1 本条规定了隔离屏障现场中试的施工要求。

1 采用搅拌和旋喷工艺进行中试试验时,为保障所选工艺的稳定性和参数的合理性,故对工艺性试成桩要求不少于 3 根。

2 对于采用泥浆护壁成槽工艺施工的黏土墙、塑性混凝土墙,成槽是影响其施工质量的重要环节,中试阶段应做侧重关注。

3 土工合成材料用于水平隔离屏障时,平面上的摊铺或铺装环节对确保屏障服役性能尤为重要,中试阶段也应侧重关注。

4 控制压实黏土层的压实度是保障其抗渗性能的重要手段。室内击实试验可测定黏土压实后的干密度与含水量之间的关系曲线,当压实黏土的干密度达到最大值时所对应的含水量称为最优含水量,以最优含水量为指标可用以指导现场压实施工的工艺要求。

10.3.2 本条对水泥土搅拌桩垂直屏障施工作了具体规定。

1 根据上海地区工程建设领域的经验,双轴水泥土搅拌桩的最大深度可达 20m。考虑到搅拌桩的深部均匀性和搭接质量难以控制,为保障隔离屏障的防渗性能,故规定双轴搅拌桩隔离屏障最大深度不大于 14m。

2 搅拌次数、搅拌头的提升或下沉速度直接决定了屏障体的均匀性。若提升或下沉速度过快,将导致桩体夹泥、喷浆不均等质量问题,难以保障成形的屏障隔污防渗性能。故本条分别结合二轴和三轴搅拌工艺的特点,给出了具体要求。

3~4 为确保搅拌桩紧密搭接形成整体,施工应严格控制垂直度、桩位偏差。本条参考岩土工程领域对水泥土搅拌桩垂直度和桩位偏差要求的基础上适当提高要求,其中鉴于双轴和三轴工艺的差异,对垂直度作了差异化的要求。

5 水泥土搅拌后因水泥的水化作用逐渐固化并形成强度,如相邻桩的施工间隔时间太长,后续相邻桩无法有效搭接,形成质量隐患。本条在岩土工程领域水泥土搅拌桩施工间隔时间不得超过24h的基础上,进一步提高了要求。

10.3.3 高压喷射注浆工艺包括旋喷、定喷、摆喷三种。鉴于上海地区通常采用旋喷工艺,本条主要针对高压旋喷注浆屏障工艺做了具体要求。高压旋喷注浆法利用钻机把带有喷嘴的注浆管钻进至土层的预定位置,以高压设备使浆液或水流形成20MPa左右的高压流从旋转钻杆的喷嘴中喷射出来,土体受高压破坏并与浆液混合,形成桩体。因此,施工过程中对注浆压力的控制非常关键。此外,与水泥土搅拌工艺类似,旋喷施工工艺也应当重点控制桩位偏差、垂直度、提升速度、相邻桩施工间隔时间等关键参数。由于旋喷施工一般采取单次喷浆搅拌成桩,故注浆管的提升速度较水泥土搅拌桩要低一些。

10.3.4 采用成槽填充工艺施工的塑性混凝土或土工膜垂直屏障时,主要包括成槽、泥浆护壁、材料填充和顶部处理等环节。其中,成槽质量对材料填充和成形后的屏障服役性能有直接影响。因此,本条针对成槽施工工艺作了具体规定。

泥浆护壁在成槽过程中起固壁、悬浮、携渣、冷却钻具和润滑的作用,成墙后还可增加墙体的抗渗性能。一般泥浆采用膨润土拌制,泥浆配合比为水 1000kg、膨润土 50kg、Na_2CO_3 1kg。槽段终孔验收合格后进行清孔,清除槽底的泥渣。

10.3.5 本条对压实黏土的施工提出了具体要求:

2 压实黏土位于土工合成材料上面时,施工机械行走可能对土工合成材料造成损伤,施工过程中应采取控制措施。

3 为保障黏土压实度达到设计要求且压实均匀,施工过程中应分层压实。

10.3.6 本条对水平屏障的土工合成材料施工做了具体技术要求。其中土工合成材料主要指聚乙烯土工膜、膨润土防水毯、非织造土工布和土工复合排水网等材料。参考我国关于土工合成材料工程应用情况和垃圾填埋场相关技术标准,不同类型的土工合成材料的施工中应根据材料特性和使用功能要求实施。其中:

  1)土工膜和膨润土防水毯材料在进场时应进行相关性能检查,采用一定厚度的压实黏土作为保护层,必要时还应当对保护层采取适当的防水、排水措施。铺设展开后应及时焊接。

  2)非织造土工布搭接应采用热粘连接,应使搭接宽度范围内的重叠部分全部粘接。斜坡处土工布施工时,应预先将土工布锚固在坡顶,再沿斜坡向下铺设,土工布不得折叠。

10.4 监 测

10.4.1 对有半挥发性或挥发性污染物的场地,改善空气质量是隔离处置的重要目的之一,故针对场界内、场地临近范围内的空气质量实施监测也是必要的。

10.4.2 本条规定了设置隔离屏障后对屏障内外土与地下水的监测点布置要求。每1组监测点包括屏障内和屏障外的土与地下水的监测点。需要加密布置监测点的特殊情况包括:

1）局部污染浓度高或存在易于富集污染物的不良地质条件。

2）局部地下水流动性强且屏障内外具有较高的水头差，容易导致污染物的加速迁移。

11 安全防护

11.0.1 污染场地修复与治理施工的安全防护包含工程安全、人体安全和环境安全。本章的环境安全主要指场地内及周边范围的二次污染防控。

11.0.2 污染场地修复治理施工需高度重视安全防护,尤其应关注与污染物有关的安全问题。

1 潜在风险包含环境风险和工程风险,其中环境风险包括污染物、药剂及二次污染等;工程风险包括边坡失稳、周边建筑物和管线变形开裂等。场地环境调查或污染场地勘察阶段虽已对潜在风险进行了识别,但修复治理施工前还应进一步识别施工过程中的潜在风险。安全防护专项方案应包含针对不同风险特点制定安全防护措施和应急处置预案。

2~3 日常管理需要在建立管理制度、配备安全管理专员、投入安全防护专项资金的基础上落实,日常管理工作的具体内容见本标准第11.0.5条。对人员、材料和机械设备等,应根据场地污染情况、修复技术和施工工艺等采取安全防护措施,具体内容见本标准第11.0.6条和第11.0.7条。

4 二次污染包括异味、扬尘、噪音、污染物扩散等,可采取的防控措施包括:对涉及挥发性有机物污染的场地可建设负压大棚,机动车、机械设备等应在工地内冲洗干净后才能出场,冲洗废水应收集处置,施工过程中发现或产生的废弃物需妥善处置等。具体内容见本标准第11.0.10条和第11.0.11条。

11.0.3 本条对污染场地修复治理施工的安全风险识别内容作了规定。

1 上海地区较为常见的污染场地有重金属污染、半挥发性有机物污染、挥发性有机物污染或混合污染。以含挥发性有机物污染的场地为例,如采用异位修复模式,则需考虑污染气体逸散的危害。

2 地下管线、电缆、建筑物基础和储罐等地下障碍物的分布可以通过收集资料、物探测试等查明,否则影响施工安全。对于需要保护的地下管线,应按相关要求做好协调、交底、保护和监测等工作。

3 污染场地修复与治理施工所用的药剂部分为危险化学品(如过硫酸钠、氢氧化钠、硫酸等),其运输、存储(低温保存等)、使用等均有较大的安全风险,负责药剂作业的工人也存在较大的人身安全风险。

4 搅拌法、隔离法等使用的大型机械设备则存在倒塌和被药剂或污染物腐蚀等的风险。

11.0.4 鉴于中毒、机械伤害、触电、火灾及恶劣天气等引起的风险事故具有突发性、危害大等特点,工程实施前必须制定针对性的应急预案。

11.0.5 本条虽属于管理性要求,但考虑到污染场地修复与治理施工的特殊性,且目前无专门的管理类标准,故本标准提出了基本要求,具体应根据场地污染程度、施工工艺等进行差异化布置。

1 为确保施工不对周边环境造成影响、避免无关人员进入场地,应采取围挡封闭措施。考虑到污染场地修复与治理工程安全防护问题较为复杂,故要求出入门内侧应规范设置工程概况牌、施工现场平面图、管理人员名单及监督电话牌、消防保卫(防火责任)牌、安全生产牌和文明施工牌等。

3 现场安全管理员应对进入现场人员的个体防护装备的安全可靠性及佩戴情况、二次污染防控、周边环境保护等进行安全检查。

4 施工前需要对各工种人员进行安全交底,交底内容重点包括环境保护和人身安全防护等相关要求。电工、电焊工、气焊工、危险品仓库保管员等特殊性工种作业人员应按照有关规定经过含有消防内容的专项安全培训,并应获得相应的资格证书持证上岗。

6 污染场地修复治理施工涉及有毒污染物、具有毒性或腐蚀性的药剂等风险,进入现场需两人及以上是为了防止意外事故发生时能够及时发现和处置。

8 作业工人容易接触污染土、地下水或药剂等,离开场地前应更衣,条件具备时还应进行沐浴。

11.0.6 不同目标污染物、污染浓度具有不同的风险,本条对其安全防护措施作了差别化的规定。根据现行国家标准《个体防护装备选用规范》GB/T 11651,各种防护装备的防护性能如下:

(1)安全帽:防御物体对头部造成冲击、刺穿、挤压等伤害。

(2)防毒面具:使佩戴者呼吸器官与周围大气隔离,由肺部控制或借助机械力通过导气管引入清洁空气供人体呼吸。

(3)口罩:指防尘口罩,防止吸入一般性粉尘,防御颗粒物(如毒烟、毒雾)等危害呼吸系统或眼面部。

(4)防护眼镜:指防腐蚀液护目镜,用于防御酸、碱等有腐蚀性化学液体飞溅对人眼产生的伤害。

(5)防护服:指化学用品防护服,用于防止危险性化学品的飞溅和与人体接触对人体造成的危害。

(6)工装服:指一般防护服,以织物为面料,采用缝制工艺制作的,起一般性防护作用。

(7)防化鞋:用于保护脚或腿防止化学飞溅所带来的伤害。

(8)硬底劳保鞋:指防砸鞋,保护足趾免受冲击或挤压伤害。

(9)防化手套:指防化学品手套,具有防毒性能,防御有毒物质伤害手部。

(10)手套:保护手部免受磨损、切割、刺穿等机械伤害。

11.0.7 本条提出污染场地修复与治理施工中使用的材料(含药剂)、机械设备等的安全防护。

1 人的不安全行为和物的不安全状态是导致事故的直接原因,合格的材料、机械设备是保证污染场地修复与治理施工安全的前提。"化学成分检测报告"和"化学品安全技术说明书(MSDS)"应由厂家提供。

2 本款规定修复施工所用材料和药剂应根据修复工程实际情况采取安全防护措施;根据药剂的种类和特性,在暂存场所宜设置相应的通风、防晒、调温、防火、防爆、防潮、防雷、防静电、防腐、防泄漏、防雨以及隔离等安全设施;大部分药剂还有一定的毒性或腐蚀性,如带出修复施工现场,将对人民群众的安全造成影响,故应派专人负责,并建立严格的领用、使用、回收制度。

3 由于污染土或地下水、药剂等可能存在腐蚀性,如采用工程建设领域的机械设备,需做好相关的安全防护措施,否者易导致设备损坏。机械设备在使用过程中,也应注意自身的安全防护措施,防止设备漏油等二次污染问题以及设备使用或移动过程中倒塌等安全事故的发生。

11.0.8 本条主要是为防止火灾、触电等事故的发生所必须要达到的要求,可参考行业标准《施工现场临时用电安全技术规范》JGJ 46 和现行国家标准《建筑工程施工现场供用电安全规范》GB 50194 等相关规范。

1 应在施工现场设置符合消防要求的措施,并保持完好的备用状态。在容易发生火灾的区域施工或存储、使用易燃易爆器材时,应当采取特殊的消防安全措施。应设置消防安全标志,保障疏散通道、安全出口、消防通道畅通,保证防火、防烟,分区、防火间距符合消防技术标准。

3 保护零线必须采用绝缘线,每台用电设备必须有各自专用的开关箱,严禁同一个开关箱直接控制 2 台及 2 台以上用电设备(含插座)。

4 施工现场临时用电必须采用三级配电系统、TN－S 接零保护系统及二级漏电保护系统。

11.0.9 本条规定了场地及周边环境的安全的要求。

1 施工前应对地下障碍物进行探查与验证,并到相关管线运行管理单位办理有关手续,召开管线保护安全交底会,管线管理单位应详实介绍管线的路由走向、管线材质及埋深等信息,并明确现场管线监护工作人员,确定双方联系制度。

2 污染场地修复治理施工如措施不当易引起本场地或邻近范围的建(构)筑物、地下管线等变形或开裂,故应在施工前进行专项检测工作。一般专项检测工作由业主委托符合资质要求的第三方实施。

3 施工方应根据探查和专项检测结果,编制相应保护方案,提供各权属单位确认,并在施工现场布置明显的警示标志,必要时还应委托有资质的第三方单位进行监测。

11.0.10 本条规定了污染场地修复与治理施工过程中可能出现的二次污染问题的处置措施。

1 污染土方开挖、运输、堆放过程中易产生扬尘和二次污染问题,含挥发性有机物的污染土还涉及污染气体逸散问题。故应采取相应措施控制扬尘和防止挥发性有机物逸散。对于挥发性有机物污染土的开挖,一般需要采取随挖随覆盖、喷洒空气净化剂、气味抑制剂等辅助措施,必要时在开挖区域建设密闭大棚及气体处置装置。气味抑制剂具有隔离异味或通过化学反应降低空气污染物浓度的作用。

2 修复施工工艺涉及的钻孔或隔离桩施工等易导致污染物向下迁移,施工过程中应采取相应隔离措施。

4 土体堆放、修复过程中的渗水以及冲洗建筑垃圾、机械设备、车辆等产生的废水等均应汇入污水收集池,经检测如需要处理,还应进入污水处理池处理。施工过程中产生的泥浆及残渣应进行检测,如不达标,应进行修复;如达标则可按常规泥浆及残渣处置方法处理。

5 用于修复的场地地面应铺设 HDPE 膜等防渗材料,使用

— 145 —

完成后应在原地面下采样监测,以评价防渗效果,如不达标则应进行修复治理。

    6 为确保人员安全,施工现场的施工区域按上海市文明施工相关管理要求应与办公、生活区域分隔。场地内有挥发性有机物的,根据修复治理方法、现场条件确定是否适宜设置现场办公(生活)区,如需要时则应布置在污染区域的上风向,设置专用出入口,定期检测室内空气,并设置防护装备更换场所,以确保人体健康安全。

11.0.11 施工现场应设置危险废弃物收集点,发现或产生的危险废弃物如需外运的,应委托市废弃物管理部门认可的单位统一处置。危险废弃物名录按照国家、上海市最新政策要求执行。

11.0.12 污染场地修复与治理施工应根据修复工艺开展相关监测工作,场地内应按要求进行监测。

12 效果检验

12.1 一般规定

12.1.1 本章则规定了施工方在第三方验收前自行开展的施工质量检测和污染土水修复效果检验的要求。不同修复治理方法的过程监测要求已分别在本标准第 5 章～第 10 章加以规定。第三方检验极为重要,本章的效果检验不能替代第三方检验。

12.1.2 修复治理工程的施工组织设计方案除了针对污染土、水修复后要达到的目标值提出要求外,尚应针对修复施工采取的修复治理技术的施工质量提出明确要求。当工程规模大、情况复杂或检测指标特殊时,一般需要制定专项检测或检验方案。对隔离封闭后实施长期风险管控的场地,应实行长期监控,以便及时发现异常点并采取相应措施确保隔离屏障的抗渗性能。

12.1.3 修复治理位于正在使用中的建筑物内、或后期规划对场地承载力有要求时,需检测回填土的压实度和承载力,以确保建筑物正常使用或满足拟建工程的要求。

12.1.4 本条对修复效果评估需要监测的环境指标作了规定。当污染修复治理采用添加药剂与目标污染物发生化学反应以去除目标污染物时,反应中可能会产生其他同样带有毒性的过程产物,这些过程产物的监测指标应综合考虑目标污染物及修复工艺确定。各监测指标应按设计要求和修复目标进行对比分析和评价。修复后需要纳管排放的地下水,应遵守国家和上海市相关污水排放标准要求,具体包括现行国家标准《污水综合排放标准》GB 8978、《污水排入城镇下水道水质标准》GB/T 31962 和现行上海市地方标准《污水综合排放标准》DB31/199。

12.1.5 施工单位针对采用的修复治理技术开展施工质量检验，除了符合本章的要求之外，还应符合现行上海市工程建设规范《基坑工程技术标准》DG/TJ 08－61、《基坑工程施工监测规程》DG/TJ 08－2001、《地基基础设计规范》DGJ 08－11 和《地基处理技术规范》DG/TJ 08－40 等的要求。修复效果检验还应符合现行国家环境保护标准《污染地块风险管控与土壤修复效果评估技术导则》HJ 25.5 和《污染地块地下水修复和风险管控技术导则》HJ 25.6 的规定。

12.2　施工质量检测

12.2.2 本条规定了挖除法支护结构施工质量检测的具体要求：

1 检测点应能真实反映支护结构的内力和变形情况，一般布置在内力、变形变化最大和最重要的部位，以对其进行有效监控。不同检测内容尽可能布置在同一断面或附近，以便于分析检测数据的变化趋势以及相互间的验证。检测点布置既不能妨碍施工，又能得到有效保护。

4 开挖之前通过抽水试验检查止水帷幕的隔水效果，是为了及时发现质量隐患，避免污染地下水的扩散或止水帷幕有缺陷对周边环境造成不利影响。

12.2.3 本条针对回填土压实度的检测方法和检测点布设原则做了规定。压实度的检测方法有：

1）环刀法适用于粉土和黏性土，是用确定体积的环刀切削土体，在尽量少的扰动下，使土灌满环刀，从而达到测定压实度的目的。环刀容积($2\times10^5\sim4\times10^5$)mm³、径高比 1∶1，取样前测点表面应刮去 30mm～50mm 厚的松砂，环刀内砂样应不包含尺寸大于 10mm 的泥团或石子。

2）贯入仪法通过检测仪器的贯入度实现压实度快速检测。

3) 轻型动力触探法适用于浅层的素填土、冲填土、黏性土、粉性土和砂土,不会造成对回填土本体的破坏,也能检测到较深填土的碾压质量。

4) 室内轻型击实试验法是模拟工程实际情况,在室内利用击实仪,将土体按照一定的标准试验方法进行击实,测定土体击实后的干密度与含水量之间的关系,并确定最大干密度及最优含水量,从而在现场通过压实度对压实施工质量进行控制,检验施工过程中压实度是否达到设计要求。

关于检测点的布设,现行上海市工程建设规范《地基处理技术规范》DG/TJ 08-40 根据不同检测方法分别作了规定,检测点的数量严于本标准。本标准综合考虑经济性和数据统计分析的合理性,要求每 $500m^2$ 的面积布置 1 个检测点,每个场地不少于 3 个检测点。本标准仅针对场地回填土压实情况做初步检测评估,不能替代后续场地建设时的检测。

12.2.4 当场地的后期规划设计对回填土承载力有要求时,对回填土还要采用载荷试验检测承载力。载荷试验按现行上海市工程建设规范《地基基础设计规范》DGJ 08-11 执行。

12.2.5 除土工合成材料之外的水泥土、素混凝土等材料构成的垂直隔离屏障,均应制备试块进行室内抗渗性试验,并在养护期后开挖检查屏障的完好性。跨孔电阻率法是一种常用作无损探测的地球物理勘探方法,一般通过设置在墙体两侧的钻孔,测试跨墙体的两孔间剖面电阻率分布情况,根据墙体渗漏处电阻率分布异常的现象,结合相关经验,就可间接判断隔离屏障的完整性。

钻芯取样检测垂直隔离屏障的抗渗性能是一种有损检测方法,对屏障存在损伤风险,仅在工程规模大、对隔离屏障抗渗性要求严格或钻芯不影响屏障的整体性时采用。钻取桩芯试验宜采用直径为 110mm 的钻头,钻取搅拌桩施工后 28d 龄期的芯样,钻取的芯样应立即密封并及时进行无侧限抗压强度试验和抗渗性试验。本条所指抗渗性要求严格，是指屏障体的渗透系数为 10^{-8} cm/s及以下的情况。

12.2.6 不同材料的搭接宽度参见条文说明第10章的表10.2.13。土工膜焊缝气压检测和真空检测方法可参照现行行业标准《生活垃圾卫生填埋场防渗系统工程技术规范》CJJ 113－2007附录C的规定。

12.3 修复效果检验

12.3.1 修复治理完成后，施工单位应先对修复效果进行自检，根据自检结果评估是否可以提交第三方竣工验收申请。修复效果的监测内容需要根据采取的修复治理技术确定：

1）当采用挖除法时，应采样检测评估污染土挖除后的坑底和侧壁的清挖效果；外来土方或异位修复后的土应经检测满足相关要求后方可回填，修复后土方应经检测达标后方可外运做资源化利用。

2）当采用原位修复技术时，原位修复后的土和地下水应根据现行国家环境保护标准《污染地块风险管控与土壤修复效果评估技术导则》HJ 25.5 和《污染地块地下水修复和风险管控技术导则》HJ 25.6 中的规定进行检测点布设、样品采集及送检，各项检测指标均应达到设计要求的目标值。

3）抽提至地面经水处理后的地下水应采样检测，满足相关污水排放标准后方可纳管排放。

4）当采用阻隔封闭控制措施时，应检测垂直和水平隔离屏障的阻隔效果。

12.3.2 当采取挖除法时，回填之前应在坑底和侧壁采集样品检测污染土清除效果；若检测结果仍超标，则需扩大开挖范围，直至检测达标。挖掘清理后的基坑和修复后土堆体的样品采集及检验,要满足现行国家环境保护标准《污染地块风险管控与土壤修复效果评估技术导则》HJ 25.5 的规定。

12.3.3

2 当采取原位搅拌法修复技术时,搅拌施工时药剂添加量、搅拌均匀性等均存在一定不确定因素,故规定在目标污染物浓度最高处、污染深度最深处、污染范围边界处、相邻搅拌点位的搭接处等代表性位置适当加密监测点。

4 原位搅拌施工中,由于药剂(如表面活性剂、过硫酸盐、酸碱等)的使用或施工扰动,可能导致土中污染物溶出至地下水、药剂成分残留、pH 值改变等情况,故要求在验收阶段对地下水进行同步验收。

5 针对土体搅拌较难达到充分均匀,尤其是脂溶性污染物在土体中分布时更加难以搅拌均匀,宜在土堆体表层、中层和深层分别采样并制成混合样。但挥发性的有机污染土不应采集混合样。

12.3.4 本条规定了采用多相抽提法和地下水抽提法时修复效果检验的内容:

1～2 地下水中污染物极易出现浓度反弹情况,因此,应在抽提系统关停 1 个月后进行修复效果检验,并应进行不少于 2 轮的地下水监测。对于渗透性低的土层条件,污染迁移扩散速率较小,可进一步增加间隔时间。

3 为了充分了解抽提后的地下水修复情况,在现行国家环境保护标准《污染地块地下水修复和风险管控技术导则》HJ 25.6 的基础上宜进一步增加采样密度。

4 对废气、废水处理系统的出口处污染物浓度宜采用直接取样方式进行实验室分析测试。

12.3.5 抽出至地面经水处理后的地下水应在采样检测满足相关污水排放标准后方可纳管排放。检测指标根据修复设计方案、国家和上海市相关污水排放标准要求确定。

12.3.6 应在注入的药剂充分发挥作用后再进行修复效果检验，因此采样应至少在药剂注入完成1周之后再进行，对于原位生物修复等药剂作用时间较长的情况可进一步增加间隔时间。为了充分了解药剂注入后的土和地下水修复情况，在现行国家环境保护标准《污染地块风险管控与土壤修复效果评估技术导则》HJ 25.5 和《污染地块地下水修复和风险管控技术导则》HJ 25.6 的基础上宜进一步增加采样密度。为了监控药剂注入完成后可能出现的地下水中污染物浓度的反弹情况，应进行不少于2轮的地下水监测。

12.3.7 隔离屏障的监测需要根据其使用功能要求开展，并应符合现行国家环境保护标准《污染地块风险管控与土壤修复效果评估技术导则》HJ 25.5 和《污染地块地下水修复和风险管控技术导则》HJ 25.6 的相关规定。当主要用于为污染场地修复工程提供临时隔离或兼为开挖提供支护时，临时隔离屏障的监测要求可执行基坑工程相关技术规范。当隔离封闭系统需要长期运行时，应制定长期监测计划，在屏障内外靠近屏障处各建设监测井，监测井深度不应超过隔离屏障墙体深度。通过定期监测隔离屏障内外地下水水质和水位变化，或定期监测场地内和场界的挥发性或半挥发性物质在空气中的含量，评价隔离封闭效果。